Tanja Brandt

Die Eulenflüsterin

Weitere Titel der Autorin:

Wo die Liebe hinfliegt
Liebe verfliegt nicht

Tanja Brandt

Die Eulenflüsterin

Was ich von meinen Tieren über das Leben lernte

BASTEI LÜBBE
TASCHENBUCH

MIX
Papier aus verantwortungsvollen Quellen
FSC® C014496

Dieser Titel ist auch als E-Book erschienen

Vollständige Taschenbuchausgabe
der bei Bastei Lübbe erschienenen Hardcoverausgabe

Unter Mitarbeit von: Angela Kuepper, München
Fotos im Innenteil: Tanja Brandt, Daniela Hofer, Daniela Oliva, Matthias Schotthöfer
Lektorat: Friedel Wahren
Umschlaggestaltung: Kirsten Osenau
Satz: Helmut Schaffer, Hofheim a.Ts.
Gesetzt aus der Adobe Caslon Pro
Druck und Verarbeitung: GGP Media GmbH, Pößneck
Printed in Germany

ISBN 978-3-40461720-3

5 4 3 2 1

Sie finden uns im Internet unter luebbe.de
Bitte beachten Sie auch: lesejury.de

Dieses Buch widme ich allen Tieren,
die mit mir zusammengelebt haben, und denen,
die es noch immer tun, den Menschen, die mich begleitet haben
und noch immer begleiten – und ganz besonders Ingo,
der mein Leben so verändert hat.

INHALT

Prolog: Frei und wild ... 9

Teil I: Keine Wurzeln, keine Flügel ... 15

Kapitel 1: Unter Stallhasen ... 17
Kapitel 2: Molche, Mäuse und das Pferd ... 25
Kapitel 3: »A Spaceman Came Travelling« ... 35
Kapitel 4: Wohin gehöre ich? ... 49
Kapitel 5: Und es geht abwärts ... 65
Kapitel 6: Unter Fernfahrern ... 71
Kapitel 7: Ziny & Ingo ... 83
Kapitel 8: Neubeginn ... 95

Teil II: Meine Tiere, mein Leben ... 109

Kapitel 9: Die Sprache der Tiere ... 111
Kapitel 10: Phönix ... 119
Kapitel 11: Poldi, Finchen & die Royals ... 129
Kapitel 12: Gandalf ... 141
Kapitel 13: Uschi ... 149
Kapitel 14: Klaus-Bärbel ... 159
Kapitel 15: Lenni ... 169
Kapitel 16: Rüdiger & Lusi-Lu ... 179
Kapitel 17: Alle meine Patienten ... 189
Kapitel 18: Eulenflüsterin ... 211

Nachwort: Ausblick ... 215
Danksagung ... 219

Prolog

Frei und wild

Am frühen Abend, wenn die Sonne hinter den Feldern untergeht, kehrt etwas Ruhe bei mir ein. Alle Eulen sind gefüttert, die gefiederten Patienten fürs Erste versorgt. Ingo, mein belgischer Schäferhund, strotzt vor Energie, will raus in die Natur, und auch ich sehne mich danach, die Seele ein wenig baumeln zu lassen. Und so sage ich Ingo Bescheid, dass wir noch einen kleinen Ausflug machen, nehme Phönix, meinen schlauen Wüstenbussard, auf die Hand, suche den Autoschlüssel, und schon kann es losgehen.

Vor Millionen von Jahren erstreckte sich in der Kölner Bucht eine riesige Sumpflandschaft, in der Urwälder mit meterhohen Farnen und Schuppenbäumen gediehen. Über die Zeit hinweg entstand daraus Torf und aus diesem wiederum die Braunkohle.

Die Wälder sind rar geworden, sie mussten längst dem Tagebau weichen. Doch seit immer mehr Abschnitte rekultiviert wurden, spürt man hier wieder etwas von der ursprünglichen Natur, die sich ihren Raum zurückerobert.

Mit dem Auto nähern wir uns den weiten Feldern. Ingo kaut auf seinem Ball herum, auf der Rückbank sitzt Phönix still im Transportkäfig. Hier leben Dachse mit ihren langen, schwarz-weiß gestreiften Köpfen. Feldhamster wurden wieder angesiedelt, dickwangige kleine Kerle, die vom Aussterben bedroht sind. Auch Fasane, Rebhühner und Singvögel, unter ihnen seltene Exemplare wie der Steinschmätzer, finden hier einen neuen Lebensraum.

Die Sonne steht schon tief, ihr Licht zaubert eine wahre Symphonie an Goldtönen hervor. Niemals hätte ich erwartet, dass sich die Natur in einer industriell genutzten Gegend in solcher Schönheit zeigen kann. Wir fahren über einen Feldweg, der von hohen Wiesen voller Mohnblumen gesäumt ist. Ein Stück voraus sitzt ein Habicht auf einem Pfahl, für mich einer der faszinierendsten Greife überhaupt. Er jagt in der Luft, am Boden, über dem Wasser. In seiner Wildheit erinnert er mich manchmal an Ingo und seine Rasse, die Malinois. Einmal losgelassen, kann man beide kaum mehr bremsen. Links von mir vollführt eine Rohrweihe ihren Gauklerflug. Plötzlich klappt sie die Flügel zusammen und sticht ins Feld.

Es ist ein Landstrich, der mich immer wieder aufs Neue überrascht mit seiner Vielfalt an Tieren. Seine Weite lädt ein zum Träumen von einer Zeit, als es noch mehr unberührte Gebiete gab, als die Wildtiere Deutschlands nicht verdrängt wurden von versiegelten, zubetonierten Flächen und intensiver Landwirtschaft.

Als wir uns der Kante nähern, hinter der die Gruben beginnen, halte ich an. Ingo springt aus dem Auto, kaum dass ich die Tür zu seiner Transportbox öffne. Dann kommt Phönix an die Reihe. Mit ihren gelben Fängen klettert sie auf meine Hand, die schwarzen Krallen spüre ich kaum mehr.

Wind ist aufgekommen, lässt das Gras wogen und plustert das dunkle Gefieder an Phönix' Kopf. Der Blick aus ihren braunen Augen erfasst die Gegend bis ins kleinste Detail. Ich lasse sie fliegen, sie schießt schnell wie ein Pfeil davon. Wie keines meiner Tiere verkörpert sie Kraft, Schnelligkeit und einen unbändigen Freiheitdrang. Die über einen Meter breiten Schwingen ihres muskulösen Körpers tragen sie über die Wiesen hinweg und auf den Abgrund zu, bis sie sich in einem weiten Bogen von hinten nähert und auf meiner Schulter landet. Ingo schnellt hoch in die Luft, als wollte er es ihr gleichtun, und rast davon. Phönix gewährt ihm etwas Vorsprung, dann hebt sie ab, holt ihn ein und fliegt dicht über seinen Kopf hinweg. Und während die beiden selbstvergessen umhertollen, renne ich hinterher und tauche ein in ihre Welt, von der ich ein Teil sein darf. Jetzt fällt alles von mir ab. Die ganze Hektik, der ganze Stress. Die Unsicherheit, dieses nagende Gefühl, nie genug zu sein, die Enttäuschungen meines Lebens. Bin ich mit den Tieren zusammen, zählt all das nicht mehr, was ist und früher war. Dann gibt es nur diesen einen Moment, und er fühlt sich wahr an und echt.

Ingo, Phönix und ich sind uns ähnlich, wir lieben die Freiheit und in sind der Lage, im Spiel die Welt ringsum völlig zu vergessen. Ingo ist mein Seelentröster, mein bester Freund und meine rechte Pfote. Früher war er ein aggressiver Außenseiter, der niemanden an sich heranließ und seinen Platz im Leben erst fand, als die Eulen zu uns kamen. Beharrlich durchbrach Poldi, mein kleiner Steinkauz, die unsichtbare Mauer, die Ingo um sich gezogen hatte, und adoptierte ihn als Freund und Beschützer. Mehr war nicht nötig gewesen, um Ingo zum fürsorglichsten aller Hunde zu machen.

Mein Wüstenbussard verkörpert Schönheit und Mut, beides habe ich nicht. Phönix besitzt großes Selbstbewusssein, eine Eigenschaft, die ich von mir überhaupt nicht kenne. Phönix ist meine Kraft, meine Eleganz, mein Augenlicht und mein Stolz, auch wenn sie mitunter hitzköpfig und zornig sein kann. Zugleich ist sie Ingo und mir gegenüber voller Ergebenheit und Treue.

Auch heute lässt sie uns nicht aus den Augen. Zu dritt steigen wir den kleinen Hügel hinab. Zusammen mit Ingo und Phönix setze ich mich an die Kante und lasse die Beine über dem Abgrund baumeln.

Die Farben der Grubenabschnitte weit vor uns wechseln von Schmutzigbraun über Lehmgelb zu Sandfarben. Ein Reh huscht durch die Grube, sein hellbraunes Fell vor dem gleichfarbigen Hintergrund ist kaum auszumachen. Das Tier ist eines von über hundert Rehen, die inzwischen hier leben. Wie schnell die Natur sich erholen kann, wenn man sie lässt!

Ich spüre den Wind im Haar, er streicht über Ingos Fell, über Phönix' braune und kupferfarbene Federn. Ein wenig fühle ich mich wie der letzte Mohikaner, allein und doch nicht einsam, nicht mit meinen Tieren. Das Sonnenlicht hat einen leicht rötlichen Ton angenommen. In meiner Fantasie werden die Gruben zu Canyons, und wir verschmelzen mit der Umgebung.

Ich lasse mich zurücksinken ins duftende Gras und blicke auf die wilden Bussarde hoch über uns. Hier fühle ich mich frei wie der Wind, wie die Wolken, wie der Himmel über mir ... Ein Sperber fliegt so schnell vorbei, dass ich ihn kaum erkenne. Gandalf, meine Weißgesichtseule, sieht die Habichtartigen immer lange vor mir und stößt dann einen seiner unnachahmlichen Laute aus, um mich zu warnen.

Eulen und Greifvögel sind unglaublich stark. Man sieht ihnen ihre Kraft nicht an, aber sie steckt in ihnen. Und doch unterscheiden sich beide grundlegend voneinander. Wenn eine der Eulen mich bei einem Ausflug begleitet, geht es ganz anders zu als mit Phönix. Die Eulen muss ich im Auge behalten – Phönix hat uns immer im Blick. Sie sind anmutig und erhaben in ihrem Flug – Phönix schießt mit der geballten Kraft ihrer Schwingen davon. Mein Wüstenbussard ist voller Ergebenheit und Treue – den Eulen muss ich treu ergeben sein. Phönix spiegelt meine Hektik; wenn ihr etwas nicht schnell genug geht, schlägt sie mit dem Fang oder schreit mich auch mal an. Die Eulen hingegen entschleunigen mein Leben, unser aller Leben. Sie sind zur einen Hälfte wild, und mit der anderen blicken sie dir in die Seele. Sie halten die Zeit für dich an.

Ob Eulen oder Greife: Mich fasziniert an ihnen, dass sie in Wahrheit keine domestizierten Tiere sind, sondern sich einen Teil ihrer Ursprünglichkeit bewahrt haben. Und dennoch hören sie auf Kommandos, sind anhänglich, suchen die Nähe zu mir, und das bewegt mich jedes Mal aufs Neue.

Wenn ich mit den Tieren unterwegs bin, hat die Vergangenheit keine Macht mehr über mich. Dann gibt es kein Versagen, keinen Neid, keine Falschheit – nur Ruhe, Vertrauen und ein unsichtbares Band, das uns verbindet. Es ist nicht so, als würde ich die Menschen nicht auch lieben, wenngleich das in meinem Leben nicht oft auf Gegenseitigkeit beruhte. Selbstbewusstsein wurde mir nicht vermittelt. Nie hatte ich das Gefühl, etwas gut zu machen oder gut zu können. Nie wurde ich gelobt oder gefördert. Nie war ich genug, wie viel Mühe ich mir auch gab. In Gegenwart der Tiere spielt all das keine Rolle. Sie nehmen mich so, sie lieben mich so, wie ich bin. Und sie rufen in mir jene Eigenschaften hervor, die tief in mir verschüttet waren: die Fürsorglichkeit, die Treue, die Verantwortung, die Opferbereitschaft, die Fähigkeit, Geborgenheit zu schenken. Dann ist es so, als hätte ich das als Kind selbst erfahren.

Tiere messen uns nicht an Äußerlichkeiten, sie spüren, was in uns steckt. Manchmal denke ich, wie schön und authentisch das Leben auf dieser Erde wäre, wenn wir alle so miteinander umgingen und vor allem das Wesentliche in unserem Gegenüber erkennen könnten.

Ingo, Phönix, die Eulen und ich haben auf Umwegen zusammengefunden. Jedes meiner Tiere hat neben den Besonderheiten seiner Art einen ganz eigenen Charakter, eigene Ängste und Vorlieben. In all den Jahren habe ich gelernt zu beobachten, zuzuhören und zu verstehen, was sie brauchen und was sie mit ihren Reaktionen ausdrücken möchten. Ich habe ihre Sprache gelernt. Es ist eine Kommunikation, die keiner Worte bedarf, leise, achtsam, voller Respekt für das andere Wesen.

Um all das geht es in diesem Buch: um meine schwierige Kindheit, all die Tiere, die ich anschleppte, das wachsende Chaos. Um den Neubeginn nach einer schweren Krankheit und das Fotografieren. Um die Sprache der Tiere und ihren einzigartigen Charakter. Vor allem aber um die Freundschaft zu meinen Tieren, um den Spaß, den wir haben, die Verrücktheiten unseres Zusammenlebens und die Tatsache, was es bedeutet, geliebt zu werden so wie man ist.

Teil I

Keine Wurzeln, keine Flügel

Tiere und kleine Kinder
sind die Spiegel der Natur.

Epikur von Samos

Kapitel 1

UNTER STALLHASEN

Meine früheste Erinnerung betrifft die Stallhasen, die meine Großmutter im Garten hinter ihrem Haus hielt. Tagein, tagaus saßen sie in ihren länglichen Verschlägen und mümmelten vor sich hin. Eines Tages suchte mich meine Oma … und entdeckte mich inmitten der Hasen. In Windeln saß ich im Käfig, ein Stöckchen in der Hand, um sie, wenn nötig, vom Beißen abzuhalten. Das Stroh pikste mich, aber das war mir egal. Das braune Fell der Tiere fühlte sich so seidig unter meinen kleinen Fingern an, und sie lagen mit ihren weichen, warmen Körpern auf meinen strammen Beinen und schmusten mit mir.

Oft hatte meine Oma mich gewarnt, den Stallhasen ja nicht zu nahe zu kommen, weil sie bissen. Doch bei mir taten sie das nie, sie waren meine allerersten Freunde.

Das muss Ende der Sechzigerjahre gewesen sein. Geboren wurde ich im Juni 1968. Von dem legendären Zeitgeist jenes Jahres war auch in Stuttgart, wo ich aufwuchs, etwas zu spüren. Tausende Studenten gingen in den Großstädten Westdeutschlands auf die Straße, skandierten »Unter den Talaren Muff von 1000 Jahren« und protestierten gegen verkrustete Traditionen, den Vietnamkrieg und manches mehr. Und das betraf nicht nur Deutschland. Woodstock, Flower-Power, die Beatles … die

Menschen sehnten sich nach Freiheit und Frieden. Frauen wollten nicht länger bloß das adrette Aushängeschild ihres Mannes sein, der Wunsch nach Selbstbestimmung wurde laut, und die Rocksäume wurden immer kürzer.

Diesen Wunsch nach Freiheit muss auch meine Mutter gespürt haben. Die Hippiezeit hatte sie voll und ganz im Griff, als sie meinen Vater in der Kneipe kennenlernte, in der sie kellnerte.

Meine Mutter war um die achtzehn Jahre alt, als ich mich ankündigte. Vermutlich hatte sie sich ihr Leben ganz anders vorgestellt und war überfordert von der Aussicht auf ein schreiendes kleines Bündel, das Liebe und Aufmerksamkeit einforderte. Kinder, so heißt es, sind ein Zeichen der Sehnsucht des Lebens nach sich selbst. Aber nicht immer spiegeln sie die Sehnsüchte derer wider, die sie in die Welt setzen. Meine Mutter erzählte mir später, sie sei aus der Kneipe geradewegs in den Kreißsaal gelaufen, barfuß, mit schmutzigen Füßen und dick getuschten Wimpern. Das Gesicht war voller verlaufener Schminke, und sie musste sich ständig übergeben, als sie mich zur Welt brachte.

Mein Vater, um einige Jahre älter als meine Mutter, konzentrierte sich ganz auf sein Maschinenbaustudium, und anfangs war es vor allem die Mutter meiner Mutter, die mich großzog. Sie war die wichtigste Person in meinem Leben und auch die Einzige in der Familie, der ich spürbar etwas bedeutete. Sie allein gab mir das Gefühl, vielleicht sogar ein kleines bisschen willkommen zu sein.

Meine Oma schenkte mir unermüdlich all ihre Liebe und Fürsorge. Sie lebte allein, und ich war lange Zeit überzeugt davon, dass ihr Mann, mein Opa, gestorben sei. Liebevoll sprach sie von ihrem Kurti, und in meiner Fantasie hatten die beiden eine glückliche Ehe mit ihren vielen Kindern geführt. Erst Jahre später erfuhr ich auf Umwegen, dass mein Großvater gar nicht tot war. Offenbar hatte er meine Großmutter immer verprügelt und sie irgendwann wegen einer Jüngeren sitzen lassen. Doch nie verlor sie ein schlechtes Wort über ihn, das war nicht ihre Art.

Alles an meiner Oma war weich, ihre Haut ganz zart, der Körper füllig. Unter ihrer Kleidung trug sie ein Mieder, das nach Gummi roch. Es war ein Geruch, den ich immer mit ihr verband, zusammen mit dem nach Tee. Wenn sie nicht arbeitete, saß sie gemütlich in ihrem breiten Fernsehsessel, strickte oder handarbeitete und ließ mich spielen. Als ich ein Baby war, schenkte sie mir eine Schnuffeldecke, die sie aus einem alten Kopfkissenbezug gefertigt hatte, und es sollte für viele Jahre keine Nacht in meinem Leben geben, in der ich mein Gesicht nicht in diese Decke gekuschelt hätte. Ich besitze sie noch heute.

Oma trank ständig Tee aus hauchdünnen Porzellantassen, die aussahen, als könnten sie jeden Moment zerbrechen. Wenn es wieder Zeit für einen Tee wurde, durfte ich die Teeschublade aufziehen und einen Beutel für sie aussuchen. Irgendwie sahen sie alle gleich aus und rochen auch so, aber es war eine der Aufgaben, mit denen meine Oma mich in ihr Leben einband und mir dieses spezielle Gefühl gab, wichtig zu sein.

Das Haus, in dem wir wohnten, lag an einer Hauptstraße. Es war eines dieser typischen Einfamilienhäuser, ziemlich hässlich, mit einem kleinen Garten dahinter. Ich krabbelte über die Wiese mit dem hohen Gras, setzte mich zu meinen Freunden, den Stallhasen, oder versuchte, unter dem Zaun hindurchzugelangen, zu unseren Nachbarn. Sie hatten nämlich einen Schäferhund, der eine geradezu magische Anziehungskraft auf mich ausübte. Ich wünschte mir von klein auf einen großen Hund, einen Beschützer, der mir zur Seite stand, wenn die Dunkelheit aufzog und mit ihr meine Ängste hervorkrochen.

Abends, wenn es Schlafenszeit wurde, brachte Großmutter mich ins Bett und blieb bei mir. Und weil ich oft weinte, hielt sie mein Füßchen, bis ich eingeschlafen war.

Warum ich weinte? Ich weiß es nicht mehr.

Wenn ich an die allerersten Jahre meiner Kindheit zurückdenke, fällt es mir wie den meisten von uns schwer, mich zu erinnern. Wohnte meine Mutter überhaupt mit im Haus? Wo war mein Vater? Wie standen die beiden zueinander? Fragen, die ich auch heute nicht beantworten kann.

Aber vielleicht sind genau diese Lücken in meiner Erinnerung ein Wegweiser durch meine Kindheit. Wir besitzen einen ungeheuren Überlebensinstinkt; so wie der Körper sich schützt, schützt sich auch die Psyche, indem sie schmerzliche Erfahrungen verdrängt oder abspaltet.

In jener Zeit machte man sich noch keine großen Gedanken darüber, wie sich die Gefühle und Gedanken einer Mutter während der Schwangerschaft auf das Ungeborene auswirken. Doch inzwischen kennt man die Folgen, wenn ein Kind ohne große Freude im Bauch der Mutter heranwächst. Und das betrifft nicht allein die schwer greifbare seelische und emotionale Komponente, sondern auch messbare Werte wie den Blutfluss, die Immunabwehr, die Bildung neuronaler Netze und die Hormonausschüttung während und nach der Geburt. Die Gefühlswelten von Mutter und Kind sind eng verbunden. Ängste, Abwehr, Panik, Erregungsmuster, denen der heranwachsende Fötus ausgesetzt ist, haben einen nachweisbaren Einfluss auf die Entwicklung des Kindes.

Unerwünscht zu sein ist ein Erbe, das sich in einen Menschen einbrennt, und unerwünscht fühlte ich mich defintiv. Wenn die erste Erfahrung Ablehnung ist, zieht sie sich durch das ganze Leben und wiederholt sich in Endlosschleifen. Es fällt schwer, Vertrauen zu fassen, Selbstbewusstsein aufzubauen, Bindungen einzugehen.

Wie mag es in meiner Mutter ausgesehen haben, als sie erfuhr, dass sie so jung ein Kind bekam? Meine Oma hatte darauf bestanden, dass ich kein uneheliches Kind werden sollte. Ob meine Eltern sich liebten? Es fühlt sich seltsam an, das nicht zu wissen. Hätte ich es nicht spüren müssen? Jedenfalls gestaltete sich unser Familienleben ganz anders als bei meinen Freundinnen, wie ich in den folgenden Jahren feststellen sollte. Doch dazu später mehr.

Diese schwer zu fassende Beziehungslosigkeit, die mir zu Beginn meines Lebens entgegenschlug, zog sich weiter durch meine Kindheit und Jugend, und sie hält noch immer an. Nie fühlte ich mich von anderen Menschen um meiner selbst willen wahrgenommen und wertgeschätzt. Da Kinder magisch denken und alles auf sich beziehen, war ich schnell davon überzeugt, selbst an allem schuld zu sein. Ich war nicht genug. Nicht hübsch, nicht lieb, nicht begabt genug. Ich versagte auf ganzer Linie, denn es gelang mir nicht einmal, was doch allen Kindern irgendwie gelingt – das Herz der Eltern zu gewinnen. Natürlich hinterließ das Spuren in meinem Verhalten; ich wurde schwierig im Umgang und später rebellisch.

Ein Mangel an Liebe und Zuwendung ist für ein Kind ebenso fatal wie der Mangel an Nahrung; das Gefühl, nicht wirklich lieb gehabt zu werden, ist schwer zu ertragen. Um sich zu schützen, machen Kinder nicht die Eltern, sondern andere Umstände für die Flut bedrohlicher Gefühle verantwortlich. Es wächst die Angst vor der Dunkelheit, vor dem Keller, vor der Nacht.

Doch immerhin hatte ich meine Oma. Und sie hielt weiterhin mein Füßchen.

Irgendwann musste meine Großmutter das Haus verkaufen, denn einer ihrer Söhne hatte den Besitz verspielt. Sie zog in eine Mietwohnung in Stuttgart-Möhringen, einen ländlicheren Ortsteil der Großstadt. Noch immer verbrachte ich viel Zeit mit ihr. In ihrer Arbeitskammer stand eine Nähmaschine, die mit einem Pedal betrieben wurde. Hier saß sie oft und nähte Stofftiere, während ich zusah. Die gesamte Wohnung war voll von Puppen aus allen möglichen Ländern. Die Puppensammlung bedeutete ihr viel, und dennoch ließ sie mich ganz selbstverständlich damit spielen. Bei ihr durfte ich einfach alles.

Ich fand die Puppen ganz nett, sie hatten hübsche runde Gesichter, feine Kleidchen und seidiges Haar, ganz anders als mein schwer zu bändigendes blondes Kraushaar. Um mit ihnen Mutter und Kind zu spielen, fehlte mir das Vorbild, also beschäftigte ich mich auf andere Weise mit ihnen. Ich schnitt ihnen die Haare ab. Manche traf es noch härter, und sie büßten ihre Arme ein. Mit ihren Kurzhaarfrisuren gefielen sie mir jedoch nicht mehr, und ich wollte nicht länger mit ihnen spielen.

Viel spannender fand ich die Tatsache, dass meine Oma einen Schrank voller Diamanten besaß. In Unmengen von Schachteln steckten Tütchen mit Schmucksteinen aller Art. Da gab es blaue, türkis- und lilafarbene Exemplare, polierte, glänzende, klare und eben die geschliffenen Diamantensteine, die mir ungeheuer kostbar vorkamen.

Ich hatte auch normales Spielzeug, Knete und manches mehr, aber vor allem wünschte ich mir ein Haustier. Ich mochte kleine Hunde, doch die großen liebte ich. Schäferhunde und Dobermänner faszinierten mich ganz besonders wegen ihrer Ausstrahlung. Sie waren die wahren Beschützer.

Neben meiner wachsenden Angst vor der Dunkelheit hatte ich aber auch Träume. Ich malte mir aus, wie es wäre, später einmal eine Buchautorin zu sein. Das lag sicher daran, dass meine Großmutter in Stuttgart in der Bibliothek arbeitete.

Ich liebte die Bibliothek mit den vielen Büchern und dem Geruch nach altem, abgegriffenem Papier, das unzählige Geschichten beherbergte. Dazu die hohen kühlen Räume, die Stille, der Steinboden, auf dem meine Schritte widerhallten, wenn ich neben meiner Oma herumhüpfte ... Ich war fest davon überzeugt, dass die Bibliothek ihr gehörte. Natürlich bewunderte ich sie, nicht nur für diesen wirklich ungeheuerlichen Besitz, sondern auch deshalb, weil sie jedes Kreuzworträtsel lösen konnte. Sie kannte alle gesuchten Wörter, wenn ich sie danach fragte. Und das Größte war: Während sie am Empfang der Bibliothek saß, ließ sie mich im Zimmer nebenan Bücher schreiben. Es war ein riesiger heller Raum mit einer breiten Fensterfront und gesäumt von unzähligen Regalen. Während meine Großmutter ihrer Arbeit nachging, die ihr genug Zeit für die geliebten Kreuzworträtsel ließ, durfte ich mich an einen der Schreibtische setzen. Dort schnitt ich aus Magazinen Indianerpferde und alles Mögliche aus, beklebte damit leere Seiten und schrieb auf einer uralten, riesigen schwarzen Schreibmaschine, auf der immer das *E* festhing. Schon bald taten mir die Finger weh, so schwer gingen die Tasten. Buchautorin war mein absoluter Traumberuf. Ich stellte mir vor, dass Schriftsteller den ganzen Keller voller Bücher hatten, die sie an all ihre Freunde verschenken konnten, und dazu Unmengen von Geld. Geld, von dem man sich eine kleine Farm mit lauter Tieren kaufen konnte. Mehr Geld, als man im ganzen Leben ausgeben würde. Und was ganz wichtig war: Buchautoren konnten überall frei herumlaufen, ohne erkannt zu werden wie Politiker oder Sänger. Denn erkannt werden, das wollte ich nicht. Mir war der Gedanke viel lieber, mich mit meinen Geschichten zu verstecken.

Meine Oma war ganz und gar von mir überzeugt. Sie sah mich, wie ich war, und liebte mich rückhaltlos. Natürlich war es nichts als Unsinn, was ich da aufklebte und tippte. Aber meine Großmutter schenkte mir dennoch das Gefühl, dass ich etwas Besonderes geschaffen hatte. Dass ich ein großes Talent hatte. Und es tat gut, solche Anerkennung zu erfahren, zu wissen, dass man lieb gehabt wurde.

Die Zeit, die ich in der Obhut meiner Großmutter verbrachte, war wie so vieles Gute in meinem Leben begrenzt. Noch bevor ich in die Schule kam, beschlossen meine Eltern, in einen kleinen Ort rund zwanzig Kilometer südlich von Stuttgart zu ziehen, sodass ich meine Oma vorerst nicht mehr so häufig sehen konnte, wie ich es mir gewünscht hätte. Und so wurde ich herausgerissen aus meiner kleinen heilen Welt, in der ich zaghaft Wurzeln geschlagen hatte.

Kapitel 2

MOLCHE, MÄUSE UND DAS PFERD

Wenn Freunde mir von früher erzählen, erinnern sie sich an Kindergeburtstage, an Weihnachtszauber, an Geschichten, die ihnen vorgelesen wurden. Und wenn sie dann fragen: »Wie war das bei dir?«, kann ich nur antworten: »Ich erinnere mich nicht.«

An Geburtstage, an das Gefühl, dass meine Eltern sich freuten und feiern wollten, dass es mich gab, habe ich keine einzige Erinnerung. Was Weihnachten angeht, schon eher … Da war ich regelmäßig bei Freundinnen und staunte über die feierliche Stimmung, den geschmückten Baum, den Duft, der durch die Räume zog

Überhaupt staunte ich, wenn ich bei Freundinnen war, staunte, wie anders sie lebten. Sie konnten mit ihren Eltern über alles reden. Sie spielten sogar miteinander! Beim gemeinsamen Essen mussten wir nicht die Klappe halten, sondern wurden gefragt, was wir erlebt hatten, wie unser Tag war, was schön war, was uns bedrückte. Meine Freundinnen hatten auch Haustiere – Katzen, Hunde, sogar Pferde. Es war ein richtiges Familienleben, für mich eine fremde Welt.

Zu Hause war ich nach wie vor ein bisschen wie Aschenputtel, bekam abgetragene Klamotten und fühlte mich, als wäre ich allen nur lästig. Wenn man es nicht anders kennt, findet man sich irgendwie damit ab. Wenn man aber sieht, dass andere Kinder von ihren Eltern besser behandelt werden, dann denkt man, diese Missachtung muss an einem selbst liegen.

Inzwischen war mein Bruder geboren. Meine Eltern hatten ihn sich gewünscht, liebten ihn ganz augenscheinlich, und das befeuerte meine kindliche Eifersucht. Meine Mutter wuselte um ihn herum und fand alles, was er tat, süß und großartig. Das konnte ich überhaupt nicht nachvollziehen. Er lag in seiner Wiege, brabbelte und sabberte vor sich hin, und alle waren entzückt. Später saß er in seinem Hochstuhl, brabbelte und sabberte wie zuvor, und noch immer waren alle entzückt. Dabei konnte er nicht mal mit mir spielen. Natürlich triezte ich ihn dann und wann, auch wenn das selten gut für mich ausging, weil meine Mutter ständig ein Auge auf ihn hatte. Wenn er im Garten auf der Wiese saß wie ein dicker Buddha, warf ich ihm Steinchen auf den Kopf. Einmal sperrte ich ihn in die Garage. Und ich schnitt ihm alle Haare ab, wie früher Omas Puppen. Ich bekam Ohrfeigen, wurde ausgeschimpft, weil ich so unausstehlich war, im Gegensatz zu meinem Bruder, den jeder nur lieb haben konnte.

Zu allem Überfluss teilten wir uns ein Zimmer in der neuen Wohnung in Steinenbronn. Stundenlang saß er auf dem Boden und spielte mit seinen Matchbox-Autos. »Brumm, brumm«, ging es die ganze Zeit, und das auch noch mit Einsatz von jeder Menge Spucke. Es war zum Fürchten mit ihm.

Meine Oma ließ sich von dem Getue um meinen Bruder nicht anstecken, sie liebte mich nach wie vor unverbrüchlich und hielt große Stücke auf mich.

Ich sah sie nun ja viel seltener, denn Stuttgart-Möhringen war zu weit entfernt, als dass ich allein mit dem Bus hätte zu ihr fahren können. Ab und zu, am Wochenende, setzte meine

Mutter mich in ihren uralten beigen VW-Käfer und fuhr mich zu ihr. Die Scheibenwischer quietschten; wenn ich eine kurze Hose trug, klebten meine Beine an den Sitzen fest, und es roch richtig muffig. Den Geruch habe ich heute noch in der Nase. Aber dann war ich wieder im Reich meiner Oma mit all den Puppen und Stofftieren, und die Welt war in Ordnung.

Es war eine große Wohnung, in der wir nun lebten, mit einer riesigen Küchenzeile. Das Beste daran: Sie lag im Erdgeschoss, und durchs Fenster konnte ich gleich auf die Terrasse klettern. Niemand merkte, wenn ich mich wegschlich, und oft war ich bis in die Nacht hinein auf dem Spielplatz.

Der Ort lag inmitten einer Hügellandschaft, umgeben von Wäldern, abfallenden Hängen und Feldern. In der Nachbarschaft gab es ein Geisterhaus, in dem niemand lebte und in dem sich in meiner Fantasie die gruseligsten Geschichten abspielten.

Jeden Tag war ich draußen in der Natur. Das war meine Welt, und sie war schön und voller Abenteuer. Im nahen Tal floss ein Bach, ich nannte ihn den »Alten See«. Hier lag ich stundenlang im Gras und beobachtete die Kröten, baute Staudämme und fing Molche. Oft schmuggelte ich die Molche mit nach Hause und errichtete ihnen ein kleines Biotop in einer Waschschüssel auf der Terrasse. Leider kletterten sie in unbeobachteten Momenten hinaus und verschwanden auf Nimmerwiedersehen. Da ich mir so sehr ein Haustier wünschte und es mit den Molchen einfach nicht klappen wollte, sammelte ich Mäusenester ein und versteckte die Tierchen in den Schubladen und im Kleiderschrank. Auch verletzte Vögel schleppte ich an. Meine Mutter war alles andere als begeistert, sie hatte für Tiere nicht viel übrig, und meine Aktionen trugen nicht unbedingt dazu bei, dass sich das änderte.

Schräg gegenüber wohnte ein Schulkamerad in einem schönen Haus mit riesigem Hanggrundstück, das unten am Waldrand von einem großen gemauerten Pool begrenzt wurde. Um den Pool herum lebten Kröten, Molche und sogar Kreuzottern. Oft ging ich weiter, in den Wald hinein. Hier floss der tollste Bach mit den allermeisten Tieren. Aber im Wald stand ein Sarg auf einem Holzgestell. Ich war mir absolut sicher, dass der verstorbene Großvater meines Klassenkameraden darin lag, und die Vorstellung jagte mir einen gehörigen Schrecken ein.

Im Wald gab es auch ein Wildgehege. Besonders aufregend waren die Knochen, die dort herumlagen. Ich war fest überzeugt, dass es sich um kostbare Dinosaurierknochen handelte, und natürlich war ich die Einzige, die sie fand. Bestimmt würde ich durch den Verkauf der Knochen steinreich werden.

Später erfuhr ich, dass es die Knochen der Wildschweine waren, die dort geschossen wurden. Nicht ein einziger Dinosaurier war darunter. Und reich wurde ich auch nicht.

Wenn mein Vater zu Hause war, unternahmen meine Eltern hin und wieder etwas mit uns. Fast immer waren ihre Freunde mit dabei, dann machten die Erwachsenen Party, tranken, rauchten und spielten Karten. Die Freunde hatten meist auch Kinder, so konnten wir uns miteinander beschäftigen und störten die Eltern nicht. Manchmal spielte sich auch alles bei uns zu Hause ab. Dann roch es nach Alkohol und Rauch, und meine Eltern standen am Morgen danach nicht vor Mittag auf.

Meist aber war mein Vater beruflich im Ausland oder ganz weit weg, in Teheran. Im Grunde sah ich ihn so gut wie nie.

Als ich noch klein war, machten wir zusammen Wanderurlaube, die schrecklich waren. Welches kleine Kind will wandern? Aber an einen gemeinsamen Urlaub erinnere ich mich, der ein echtes Highlight für mich war. Zu viert fuhren wir auf einen Bauernhof in Südtirol. Dort gab es keinen Strom und nur kaltes Wasser. Das Leben der Bauernfamilie fand in der Küche oder in der großen Stube statt. Oben auf dem Kachelofen lag eine Matratze, da durfte ich mit den Bauerskindern liegen und lesen.

Ich liebte das Leben dort, auch wenn es sehr einfach und karg war. Scheunen, Dachböden, Ställe – der Hof war voller Abenteuer. Und es gab so viel zu beobachten.

Die Großmutter wurde jeden Tag zurechtgemacht. Sie war schon alt und hatte ganz langes Haar, und ich sah zu, wie es gebürstet wurde. Die Tochter und manchmal auch die Enkelkinder flochten Bänder in das Haar, es sah hübsch aus. Leider rutschte mein Bruder beim Erkunden der Gegend aus und fiel mit dem Kinn auf eine rostige Blechwanne. Meine Mutter wurde völlig panisch und machte einen Riesenaufstand. Sie hatte Angst, er könnte sich eine Blutvergiftung zugezogen haben und daran sterben. Also fuhren sie schleunigst mit ihm zum Arzt, wo die Wunde genäht wurde. Die Narbe am Kinn ist sicher noch heute zu sehen.

Das Beste an dem Urlaub waren natürlich die Tiere. Die Bauern hatten einen Schäferhund, ich fand, er sah aus wie ein Gepard. Gemeinsam mit ihm trieben wir in der Früh die Kühe auf die Weide und abends zurück in den Stall. Dann bürstete ich sie, bis ihr Fell glänzte.

Ich kümmerte mich um die Kälbchen und gab ihnen aus Eimern mit einem Nuckel daran zu trinken. Eins mochte ich besonders gern, und es sollte meines werden. Als wir im Folgejahr den Urlaub wieder dort verbrachten, war es zu einem kräftigen Jungstier herangewachsen, der in Kürze geschlachtet werden sollte.

Die Grundschule war schrecklich. Unser Lehrer hatte stinkende Pomade im Haar und harte, wie gemeißelte Gesichtszüge. Die Jungs bekamen die Ohren lang gezogen, bis sie feuerrot waren. Wenn wir beim Schreiben Fehler machten, verpasste er uns mit dem Bambusstock einen Schlag auf die Finger.

Das Schlimmste aber war sein Akkordeon. Wenn er das Instrument aus dem sperrigen Koffer nahm, spannte sich alles in mir an. Wir mussten nämlich Lieder in Mundart singen, und ich konnte einfach nicht genug Schwäbisch. Wenn ich Fehler machte, nahm er seine Rolle Tape und klebte mir damit den Mund zu. Und zwar so, dass das Tape rund um meinen Kopf verlief, inklusive meiner Haare. Es tat schrecklich weh, es wieder abzuziehen. Bis heute kann ich übrigens kein Schwäbisch.

Da die Schule so schrecklich war, trödelte ich morgens herum und lief einen Umweg. Bald warteten überall schon die Dorfhunde auf mich, und ich verfütterte meine Pausenbrote an sie.

Meinen Berufswunsch »Buchautorin« verfolgte ich nicht länger. Als ich selbst lesen konnte, stöberte ich in einem dicken alten Buch mit rotem Ledereinband und vielen geheimnisvollen Geschichten. Eins der Märchen handelte von einer abgeschnittenen Hand, es gruselte und faszinierte mich zugleich. Manche Seiten lösten sich schon, und es roch wie die ganz alten Bücher in der Bibliothek meiner Oma.

Wenn der Fernseher lief, lag ich hin und wieder auf meinem

Geheimplatz unter dem Ledersofa mit den dicken Holzbeinen. Ich schaffte es, unbemerkt alle Folgen von *Sandokan, der Tiger von Malaysia* zu schauen, und war schwer beeindruckt. Heimlich sah ich auch *Aktenzeichen XY*, was meine Ängste vor der Dunkelheit, vor Kellern und insbesondere vor Leichen weiter schürte. Aber die Faszination des Grauens war größer als all meine Angst, und das wollte etwas heißen.

Wenn ich nicht allein in der Natur unterwegs war, besuchte ich meine beste Freundin, die genau gegenüber von uns wohnte. Sie konnte mit ihren Eltern über alles reden. Als Nesthäkchen bekam sie, was immer sie sich wünschte. Sie hatte pechschwarze Haare, wie Lack, völlig glatt, so ganz anders als mein schwer zu bändigendes Haar. In dem Haus gab es eine Sauna, im Garten stand ein Pool. Am tollsten aber fand ich ihren Hund Basko, einen weißen Riesen, der mir einmal so heftig in die Lippe biss, dass ich fast zwei Wochen lang mit Röhrchen essen und trinken musste. Ich liebte ihn trotzdem. Aus Versehen hatte ich ihn erschreckt, also war ich selbst schuld an dem Biss.

Meine Freundin und ich spielten stundenlang. Manchmal waren auch andere Mädchen da. Viele von ihnen hatten Barbie-Puppen mit allem erdenklichen Schnickschnack. Mein Bestand an Barbies beschränkte sich auf zwei; selbstredend hatten auch sie ihre Haarpracht schnell eingebüßt und trugen schief geschnittene Kurzhaarfrisuren. Ehrlich gesagt fand ich sie ziemlich blöd. Viel lieber spielte ich draußen im Garten mit Basko.

Schließlich bekam ich einen Wellensittich. Der kleine Kerl wurde bald sehr zutraulich, kletterte mir auf die Schulter, knabberte an meinem Haar und zwitscherte in einem fort. Mein Bruder hasste ihn. Da wir im selben Zimmer schliefen, bestand er darauf, dass der Wellensittich nicht auf seine Seite des Zimmers kommen durfte. Ich musste mit Klebestreifen eine Grenze durch unser Kinderzimmer ziehen, aber natürlich hielt sich der Wellensittlich nicht daran und flog immer dann, wenn ich ihn aus dem Käfig ließ, über die Klebebandgrenze, was erneuten Ärger nach sich zog.

Mein Bruder und ich hatten viel Streit, natürlich auch, weil er der Liebling war und ich die ungeliebte Tochter.

Ein Erlebnis aus meiner Kindheit werde ich nie vergessen. Mein Vater war für ein langes Wochenende nach Hause gekommen. Wie so oft feierten meine Eltern am Abend mit ihren Freunden. Nachts ging meine Zimmertür auf, und mein Vater kam herein. Er roch nach Rauch und Alkohol und war ziemlich betrunken. Er setzte sich zu mir auf die Bettkante und meinte, er habe mir etwas zu sagen.

Ich hatte die Bettdecke hochgezogen, seine Nähe war mir fremd, aber natürlich war ich ziemlich neugierig, was er mir denn zu sagen hatte.

»Ich habe dir ein Pferd gekauft«, erklärte er.

»Ein Pferd?«, wiederholte ich ungläubig. »Ein richtiges Pferd?«

»Hm-mh, ein Pferd.«

Ich war völlig außer mir. Konnte das wirklich wahr sein? Ich löcherte meinen Vater mit Fragen, wollte wissen, was für ein Pferd es war, wann ich es sehen könnte, am liebsten natürlich sofort!

»Frag nicht so viel«, brummte er. »Komm einfach am Sonntag ins Klubheim, dann kannst du es dir ansehen.« Mit diesen Worten stand er auf und kehrte ins Wohnzimmer zurück.

In der Nacht machte ich vor Aufregung kein Auge zu. Ich

konnte es nicht fassen. Ich – ein Pferd! Weil ich nicht schlafen konnte, schrieb ich allen, wirklich allen meinen Brieffreundinnen, dass ich ein Pferd bekommen sollte. Bestimmt freuten sie sich riesig für mich, die meisten von ihnen hatten selbst Pferde.

Als endlich Sonntag war, machte ich mich auf den Weg ins Klubheim. Es war voller Leute, keiner nahm Notiz von mir. Schüchtern stand ich in der Ecke, bis ich schließlich allen Mut zusammennahm und zu der Frau hinter der Theke sagte: »Ich würde gern mein Pferd sehen.«

Schlagartig wurde es still, dann fingen alle schallend an zu lachen und kriegten sich nicht mehr ein.

»Dein Vater hat dich verarscht!«, rief einer in das Gelächter hinein.

Einen Moment stand ich nur da, dann rannte ich heulend aus dem Klubheim und wäre am liebsten im Erdboden versunken. Aus der Traum. Und zu allem Überfluss machten sich meine Freundinnen und Brieffreundinnen auch noch lustig über mich.

So war meine Kindheit.

KAPITEL 3

»A SPACEMAN CAME TRAVELLING«

Das Gefühl der Ablehnung durchzog meine Jugend wie die Rauchschwaden, die vom Wohnzimmer meiner Eltern aus in noch den kleinsten Winkel meines Zimmers zogen. Ich begehrte auf, schließlich hatte ich so gut wie nichts zu verlieren.

Doch ich begann, mich selbst herabzusetzen. Ein typisches Verhalten von Kindern, die sich ungewollt fühlen. Es verschafft ein gewisses Maß an Kontrolle, man ist den Verletzungen nicht ganz so schutzlos ausgeliefert. Denn statt es den Erwachsenen zu überlassen, schlecht über einen zu reden, tut man es selbst. Man denkt von sich: Du kannst eh nix, bist sowieso zu dumm, zu hässlich, zu dick, sieh dir deine Haare an, nicht mal die sind schön oder wenigstens normal wie bei den anderen … Lauter Sätze, die ich so verinnerlicht habe, dass ich sie noch heute denke.

Als ich zehn war, stand ein Umzug nach Stuttgart-Hoffeld an. Das gefiel mir erst mal gar nicht. In Steinenbronn wohnten all meine Freunde, da war Basko, und ich liebte den Wald mit seinen Tieren. Natürlich hatten wir Kinder kein Mitspracherecht.

Vielleicht fiel es mir schwerer als anderen Schulkameraden, die wegzogen, weil meine Freunde und ihre Familien ein Zuhause für mich geworden waren, das ich sonst nicht hatte.

In meinem Leben sollte es noch viele Umzüge geben. Kaum hatte ich irgendwo Fuß gefasst, passierte irgendetwas, und ich musste mich neu orientieren. Aber das wusste ich zu dem Zeitpunkt natürlich noch nicht.

Der Umzug hatte unterm Strich betrachtet durchaus auch sein Gutes. Endlich hatte ich die schreckliche Grundschulzeit hinter mir gelassen und war aufs Gymnasium gekommen. Neue Freunde zu finden war schwierig, so wirklich anerkannt war ich nie. Die Kinder waren allesamt besser gekleidet als ich, und in dem Alter taxieren dich besonders die Mädchen ganz genau. Aber ich fand bald eine Strategie, um mich durchzuschlagen: Ich wurde der Klassenclown. Egal, welches Fach, welcher Lehrer, ich sorgte immer für Spaß, wurde allerdings auch genauso oft vor die Klassenzimmertür geschickt. Das war meinen Noten weniger zuträglich, aber ich kam natürlich ziemlich cool rüber, und das war allemal etwas wert.

Unser Französischlehrer konnte meinen Späßen weniger abgewinnen. Der gute Mann besaß nur drei Hosen und drei verschiedene Hemden, und alle waren kariert – rot, grün und braun. Das einzige Spannende an seinem Unterricht war für mich die Frage, wie er seine Kleidung kombinierte. Drei Hosen, drei Hemden – das ergab ganze neun Möglichkeiten. Dies brachte mich auf die Idee, ein Wettbüro zu eröffnen. Ich malte die Kleiderkombis auf, und jeder meiner Mitschüler konnte morgens seine Einsätze platzieren. Das lief richtig gut und machte einen Riesenspaß – bis unser Lehrer eines Morgens früher ins Klassenzimmer kam und mich erwischte. Seine Begeisterung schlug Wellen, die mich für den gesamten Französischunterricht vor die Klassenzimmertür bugsierten und mir eine glatte Sechs bescherten.

Bald fand ich eine Freundin, die in der Nähe wohnte. Auch sie liebte Hunde, und so fuhren wir jeden Morgen gemeinsam mit dem Fahrrad in die Schule, früh genug, um allen Hunden auf der Strecke guten Morgen zu wünschen.

Und noch etwas Gutes hatte der Umzug: Ich wohnte nun wieder viel näher bei meiner Oma und konnte sie öfter besuchen. Egal, wie ich mich fühlte, wie hektisch ich war, bei ihr kam ich immer wieder »runter«. Ich konnte mich auf ihr Sofa zwischen all die Stofftiere und Puppen setzen und Tee aus ihren dünnen Tassen trinken, bei denen ich immer Angst hatte, dass die Henkel abbrachen.

Dies war der sicherste Rückzugsort, den ich kannte. Ich musste mich nicht verstellen. Ich konnte genau so sein, wie ich war. Meine Oma hatte nur eine geringe Rente, aber sie gab mir immer etwas ab.

Selbst wenn ich schlechte Noten vorzuweisen hatte, nahm sie es mit einem Lächeln hin und meinte nur: »Tani, Tani, was willst du wohl später machen? Aber dir wird schon was einfallen.«

Auch als ich schon meinen ersten Freund hatte, den Führerschein, einen Job, konnte ich immer ein Stück weit Kind sein, konnte aufatmen und loslassen bei meiner Oma.

Richtig gern war ich auch bei meinem Onkel Pinky, dem Zwillingsbruder meiner Mutter. Er war Juwelier, ziemlich verrückt und ein Tierfanatiker. Ich liebte seinen Dackel Gusti. Der wurde mit Wurst gefüttert, und als Wachhund versagte er auf ganzer Linie.

Einmal schliefen wir alle im oberen Stockwerk, während unten das Haus von Einbrechern leer geräumt wurde. Auch Gusti bekam selbstredend nichts von alledem mit.

Mein Onkel war es auch, der mir ein Zwergkaninchen kaufte, als ich einmal in den Ferien bei ihm war. Mitsamt Käfig und allem Zubehör.

Meine Eltern waren nicht sonderlich begeistert, aber sie waren ja sowieso kaum da.

Charly war ein weißes Kaninchen mit schwarzen Punkten und wurde mein bester Freund. Er lief frei in meinem Zimmer herum, ich war mit ihm draußen auf den Wiesen, nie lief er davon. Wir schliefen zusammen im Bett, unterhielten uns über alles Mögliche …

Bis ich eines Tages nach Hause kam und sah, dass er die Bleischnur der Gardine angenagt hatte.

Kurze Zeit später ging es ihm schlecht. Er hatte ganz offenbar eine Bleivergiftung.

Ich rief sofort beim Tierarzt an.

Der sagte zu mir: »Das lohnt sich nicht. Kauf dir für dreißig Mark ein neues Kaninchen, deins wird eh eingehen.«

Völlig geschockt saß ich mit Charly auf dem Bett und deckte ihn zu. Plötzlich zitterte er und robbte auf meinen Schoß. Ich hielt ihn fest, bis er starb. Als ich fühlte, dass er stocksteif geworden war, erschrak ich so heftig, dass ich ihn beinahe fallen ließ.

Ich war todtraurig und fragte alle meine Freunde, ob sie mir beim Beerdigen helfen würden, aber jeder hatte plötzlich etwas anderes zu tun.

Also versuchte ich, mit Stöcken ein Loch in den gefrorenen Boden zu graben, ich hatte nicht mal eine Schaufel. Im darauffolgenden Frühjahr kamen die Bagger, und auf der Wiese nebenan wurde gebaut. Ich traute mich kaum nachzuschauen, ob man meinen Charly wieder ausgrub. Aber außer ein paar Knochen hätte man da sicher nichts gefunden. Wenn überhaupt. Tief war ich mit meinem Stock ja nicht gekommen.

Noch vor der Pubertät hatte ich die Angewohnheit entwickelt, mir selbst Verletzungen zuzufügen und Dreck hineinzureiben. Ich ritzte mich an den Beinen, am Arm. Rost, Erde, was immer als ungesund galt, rieb ich in die blutenden Wunden. Ich hoffte auf eine Blutvergiftung, denn ich hatte gehört, die könne tödlich sein. Ich stellte mir vor, wie sich der Dreck in meinem Körper verteilte und ihn vergiftete. Um diesen Prozess zu beschleunigen, setzte ich mich auf den Heimtrainer meiner Mutter und trat, was das Zeug hielt.

Was ich mit dieser Aktion bezweckte?

In meiner Vorstellung gab es zwei Möglichkeiten, wie es ausgehen könnte. Bei der ersten würde ich krank werden, meine Eltern würden erschrecken, sich um mich kümmern und mir zu verstehen geben, dass ihnen doch etwas an mir lag. Bei der zweiten Möglichkeit merkte keiner etwas, das Gift in meinem Blut tat seine Wirkung, und dann wäre endlich alles vorbei. Ich wusste nicht, was ich mir mehr wünschte, beides war in Ordnung für mich. Doch zu meiner großen Enttäuschung wurde ich einfach nicht krank, sooft ich mich auch schnitt. Nicht mal das kriegte ich hin.

Nie hatte ich das Gefühl, dass meine Mutter mich lieb haben könnte. Immer mal wieder hatte ich versucht, mich ihr anzunähern. An Muttertag, wenn in der Schule gebastelt wurde, oder an ihrem Geburtstag. Doch wenn ich sie fragte, was sie sich wünsche, sagte sie immer nur: »Ein liebes Kind.« Das fand ich einfach schrecklich. »Liebes Kind« in Bezug auf mich hieß, dass man mich maximal sehen, aber nicht hören durfte. Das brachte uns einander auch nicht näher.

Ansonsten kann ich mich nicht erinnern, dass wir wirklich viel gesprochen hätten. Meine Freundinnen wurden von ihren Eltern aufgeklärt, in Sachen Kosmetik beraten, über alles wurde diskutiert. Die Eltern meiner Nachbarsfreundin verkauften ihren Fernseher, damit sie die Freizeit mit ihrer Tochter verbringen konnten, mit ihr bastelten, lasen und schöne Gespräche führen konnten. Mir war das alles fremd. Ich genoss das Familienleben bei meinen Freundinnen und bewunderte sie dafür. Doch langsam kamen wir in ein Alter, in dem die anderen mich bewunderten, weil ich so frei war und es in meinem Leben offensichtlich keine Einschränkungen und lästigen Regeln gab. Alle wurden von ihren Eltern zu Partys gebracht und pünktlich wieder abgeholt. Nach mir sah niemand. Ich ließ mir nichts sagen. Ich war wild, ich war frech. Nicht gerade ein »liebes Kind«.

Mein Vater lebte zu jener Zeit überwiegend in Düsseldorf, wo er eine neue Stelle gefunden hatte. Später erfuhr ich, dass er dort längst eine Affäre hatte.

Meinen Bruder und mich verband nicht viel. Er war aus dem Alter heraus, in dem er mit seinen Indianerfiguren spielte und grausig dazu sang. Seine Beziehung zu meiner Mutter war nach wie vor relativ eng. Erst heute begreife ich, dass man dieselben und doch grundverschiedene Eltern haben kann. Vielleicht war ich ja so etwas wie der Prototyp gewesen, bei dem noch vieles schieflief.

Aber alles hat seine zwei Seiten. Als ich Kurs auf meine Pubertät und mein eigenes Leben nahm, ähnelte mein Weg einer wahren Odyssee. Letztlich fand ich aber doch ein glückliches Zuhause – in mir, mit den Tieren. Etwas, woran ich nicht immer in meinem Leben geglaubt hätte.

Damals ging ich mit den Hunden aus der Umgebung spazieren, und Schäferhund Rex wurde mein ständiger Begleiter. Keiner wagte es, frech zu mir zu sein, wenn Rex an meiner Seite war.

Nie werde ich vergessen, wie ich einmal sehr spät von meiner Freundin aus nach Hause lief und Rex mich begleitete.

In jener Nacht war es vollkommen dunkel. Viel dunkler noch als jemals zuvor. Vor nicht allzu langer Zeit war im Maisfeld ein Mädchen umgebracht worden. Der Mörder wurde nie gefunden, man vermutete jemanden aus der nahen Kaserne.

Ich überlegte, ob ich nicht lieber an der Hauptstraße entlanggehen sollte, aber der Umweg war weit, und schließlich hätte ja auch ein Auto anhalten und der Fahrer mich überfallen können.

Also nahm ich den üblichen Weg. Am Anfang des Feldwegs standen noch vereinzelt Häuser, dann kamen einige von Hecken begrenzte Gärten und schließlich die freien Wiesen.

Rex rannte voraus, auf die Wiesen zu. Ich ging auf dem Teerweg, bis die Gärten endeten.

Plötzlich trat hinter der letzten Hecke ein Mann aus dem Dunkel. Ich blieb stehen, er baute sich vor mir auf und starrte mich an. Er sagte keinen Ton, und noch heute könnte ich seinen Blick beschreiben. So eisig, so kalt.

Im nächsten Moment hatte Rex ihn entdeckt. Alles ging jetzt sehr schnell.

Rex kam angerast, der Mann sah den Hund näher kommen und rannte zu der Hecke zurück, hinter der er sich verborgen hatte. Rex preschte wild bellend in die Hecke. Dahinter war ein Zaun, zu hoch für Rex, um ihn zu überwinden. Der Mann war darübergeklettert und entkommen.

Ich rief Rex, kniete nieder und umarmte ihn. Wir mussten weiter, aber ich hatte ein noch mulmigeres Gefühl als zuvor und drehte mich pausenlos um.

Rex blieb in meiner Nähe. Schließlich erreichten wir den Wald. Auf dem Weg war es so dunkel, dass ich die Hand nicht vor den Augen sah.

Ich war verzweifelt und überlegte, was ich nur machen sollte.

Aber rumstehen half mir auch nicht weiter. Also nahm ich Rex am Halsband und sagte: »Bring mich nach Hause!«

Wir stolperten den dunklen Waldweg entlang. Ich hielt mich krampfhaft am Halsband fest und achtete darauf, nicht hinzufallen.

Ich konnte nur hoffen, dass Rex den Weg kannte. Plötzlich blieb er stehen und knurrte. Er knurrte tief und tiefer, grollte regelrecht. Mir blieb das Herz stehen.

Ich stand still, atmete ganz flach und wandte den Kopf in alle Richtungen. Doch ich konnte nichts erkennen. In diesem Moment hatte ich Todesangst.

Ich wusste gar nicht mehr, wie lange ich mich am Halsband festkrallte und wir da in völliger Dunkelheit standen. Vermutlich wenige Minuten, aber mir kam es wie Stunden vor. Irgendwann hörte Rex auf zu knurren und lief weiter. Mit zitternden Knien stolperte ich los und atmete auf, als wir endlich die beleuchtete Straße erreichten.

Nach Charly hatte ich andere Zwergkaninchen, Hamster, Ratten, Frettchen.

Wenn ich mit meinem Frettchen Stink draußen war, sprachen mich viele Leute darauf an und wollten wissen, ob es ein Otter sei.

Ich pflegte einen Specht, eine Kohlmeise, hatte Papageien. Ich fand den ersten verletzten Mäusebussard und war völlig fasziniert, hatte aber auch riesengroßen Respekt vor dem ehrfurchtgebietenden Tier.

Ich brachte ihn zu einer Tierärztin, die ihn sofort einschläferte und meinte, den werde sie sich ausstopfen und aufstellen. Ich war schockiert und lief heulend nach Hause. Meine

Freundin erbte eines Tages den Langhaardackel Peggy von einer alten Tante, die verstorben war. Peggy lag anfangs nur in ihrem Korb und war depressiv. Doch in kürzester Zeit kam sie angesprungen, sobald sie mich hörte. Wir lernten Kunststücke, unternahmen so einiges … Bis sie eines Morgens tot in ihrem Körbchen lag und der Tante folgte.

Seit ich denken kann, liebe ich Musik. Sie spiegelt meine Stimmung wider und beeinflusst sie gleichermaßen.

Die frühen Neunzigerjahre waren speziell, es kamen ganz unterschiedliche Musikrichtungen auf. Meine Freundinnen und ich hörten die Popgruppe Dschinghis Khan und Neue Deutsche Welle. Dazu Phil Collins – ein Cousin hatte mir eine Kassette aufgenommen und geschenkt, ich war hin und weg, von der Musik und dem Cousin.

Damals hatte man noch Kassettenrecorder, Walkmen waren Kult. Sonntags kam die Hitparade. Man musste beide Finger auf den Aufnahmetasten liegen haben und parat sein, wenn man sein Lieblingslied aufnehmen wollte. Und atmen – atmen durfte man nicht. Schon gar nicht husten, sonst war die Aufnahme verhunzt.

Wir alle schwärmten für die typische Discomusik, aber auch Laura Brannigans »Self Control« und The Catch mit »25 Years«. Ganz groß war natürlich Chris de Burgh, er brachte uns Mädchen zum Träumen. Im Schullandheim, das auf einem alten Landsitz gelegen war, hörten wir ihn auf den allabendlichen Partys. »A Spaceman Came Travelling« lief jede Stunde einmal, mindestens. Meine drei besten Freundinnen und ich kannten bald jeden seiner Songs, jede Silbe, jede Note, jeden von de Burghs Atemzügen auswendig.

Dann gab es natürlich die britische Progressive-Rock-Gruppe Barclay James Harvest. Die Balladen der Scorpions.

Es war die Zeit vor dem ersten festen Freund, und wir Mädels hingen Abende und Nächte gemeinsam herum, meist bei einer Freundin in Stuttgart-Möhringen. Sie war nach der Trennung ihrer Eltern mit ihrer Mutter dorthin gezogen, genau gegenüber der Wohnung meiner Oma.

Die Läden hatten nur bis achtzehn Uhr geöffnet, waren über Mittag zu, und samstags war ab dreizehn Uhr alles verrammelt und verriegelt. Als die erste Vierundzwanzig-Stunden-Tankstelle eröffnete, war das eine wahre Sensation. Wir holten uns spät abends Süßigkeiten und Chips, tranken Blue Curaçao, Batida de Coco, hörten die Songs von Chris de Burgh und träumten uns irgendwohin. Wir lasen Christiane F., *Wir Kinder vom Bahnhof Zoo*. Ich weiß noch, wie tief mich dieses Buch beeindruckte. Nein, so wollten wir nie werden. Cool ja, aber ohne Drogen.

Ein echtes Großereignis waren damals die »Schnüffs«, wie wir sie nannten, Schnüffelpartys von der Tanzschule, bei denen wir uns für eine Schulklasse inklusive Tanzpartner entscheiden durften, mit denen wir dann den Abschlussball bestritten. Tanzkurse waren in meiner Generation obligatorisch, da kam man nicht drum herum. Meine Freundinnen waren alle schicker als ich, die Jungen waren nicht so mein Geschmack, und die Tänze wie auch die Musik kamen mir zu geschwollen vor. Doch wer nicht mitmachte, war raus, und das wollte ich natürlich auch nicht.

Bei einer dieser Schnüffs begegnete ich meinem Traumtypen. Ich war auf den ersten Blick in ihn verschossen. Er war vielleicht zwei Jahre älter als ich, dunkles Haar, dunkle Augen, nicht zu groß, ein südländischer Typ. Seine Ausstrahlung faszinierte mich vom ersten Moment an, obwohl er eine scheußliche Strickmütze trug.

Wir tanzten, quatschten und tauschten Telefonnummern aus. »Ruf mich an!«, sagte er, dann mussten wir die Tanzpartner wechseln und verloren uns aus den Augen. Die Schnüffs dienten lediglich einem schnellen Kennenlernen, ganz ähnlich dem Speed-Dating heutzutage.

Als ich spät am Abend nach Hause kam, musste ich feststellen, dass ich den Zettel verloren hatte. Ich wusste nicht mal, wo er wohnte. Früher war alles nicht so einfach, so ganz ohne Internet, Facebook und Co. Verzweifelt versuchte ich herauszufinden, in welche Schule er ging. Ich löcherte alle möglichen Leute mit meinen Fragen, hatte aber kein Glück. Also träumte ich meine Balladen, wie es hätte werden können.

So ganz glaubte ich sowieso nicht daran, dass mir das große Glück über den Weg laufen könnte. Die Jungs in meiner Klasse gingen mit den angesagten Mädels – groß, blond, sportlich, beste Schülerinnen aus angesehenen Familien, mit wohlhabenden Eltern und schönen Häusern. Welche Chancen sollte ausgerechnet ich da haben?

Nach einer Weile erzählte mir meine Freundin Regina, die gegenüber von meiner Oma wohnte, sie hätte einen neuen Freund. Wir anderen Mädchen waren total neugierig und insgeheim auch ziemlich neidisch. Regina hatte die lockerste Mutter, die besten Klamotten und nun auch den ersten Freund.

Als die nächste Cliquenparty stattfand, verabredeten wir uns dort, und Regina wollte uns ihren Freund vorstellen. Zu der Zeit war Styling natürlich besonders wichtig. Viel Schminke, dazu riesige Ohrringe mit glitzernden Blättern und Federn aus billigem Blech, die wir am Wilhelmsplatz in Stuttgart bei den Straßenhändlern kauften. Oft hatten wir nach dem Tragen eine Ohrlochentzündung, aber das war uns egal.

Was zählte, war einzig und allein, dabei zu sein, dazuzugehören, die Trends mitzumachen. Ich stand damals immer im Schatten meiner beiden Freundinnen, war bloß eine Mitläuferin, versuchte aber, mich als Spaßvogel in den Vordergrund zu drängen.

Am Abend der Party sahen wir Mädchen ziemlich cool aus. Enge Jeans, Sweatshirt, bauchfreies Top, Stiefel bis zum Knöchel. Es gab Marken, die absolut im Trend waren. Ich bekam nur No-Name-Klamotten. »Wir müssen sparen«, meinte meine Mutter immer. Auch die angesagten Stiefel waren nicht drin. Also ging ich heimlich an den großen alten Schrank in der Diele, klaute die Stiefel meiner Mutter und krempelte sie um. Auf der Party eingetroffen, kam Regina uns aufgeregt entgegen. Wir müssten ihren Freund kennenlernen. Sie zerrte uns in den Raum, in dem die meiste Stimmung war.

Mir blieb fast das Herz stehen. Ich weiß nicht mehr, ob ich den Typen mit offenem Mund anstarrte, aber gefühlt war es so. Regina strahlte und meinte: »Das ist mein Freund.« Dann nahm sie ihn in den Arm und küsste ihn, den Traumtypen, von dem ich mich seit unserem Kennenlernen gefragt hatte, ob ich ihn je wiedersehen würde. Ja, heute. Als Reginas neuen Freund.

Ich versuchte, mir nichts anmerken zu lassen, aber die Party war für mich gelaufen. Mir war zum Heulen zumute, auch wenn ich mir Mühe gab, einen lässigen Eindruck zu machen. Nach einer Weile begegneten wir uns allein an der Theke zum Getränkeholen.

»Du wolltest mich anrufen«, flüsterte er mir ins Ohr, laut genug, um die Musik zu übertönen.

»Ich hatte deine Nummer verloren«, erwiderte ich. »Aber du hättest ja anrufen können.«

Er sah mich an. »Ich hatte deine Nummer auch verloren, und keiner kannte dich.«

Die nächste Zeit war wie ein Katz-und-Maus-Spiel. Der Freund der besten Freundin ist tabu, das weiß jeder. Dennoch war die Anziehung zwischen uns einfach stärker. Wir versuchten uns aus dem Weg zu gehen und dennoch zufällig zu begegnen. Wir versuchten den Blickkontakt zu vermeiden, und dennoch trafen sich unsere Blicke ständig. Bis es bei einer Party dann passierte und wir uns küssten. Es war mein erster richtiger Kuss.

Klar, in Steinenbronn hatten meine Freundinnen und ich auch schon Jungs geküsst, um mal vorzufühlen, wie das so war. Heimlich, hinter der katholischen Kirche. Aber ganz ehrlich? Da war Olaf mit der Zahnspange. Ich hatte mehr Spucke im Gesicht als irgendein Gefühl. Und Walter, der ging gar nicht. In seiner Flasche schwammen immer alle möglichen Essensreste, wenn er einen Schluck getrunken hatte. Das allein schon machte einen Kuss von ihm total unappetitlich.

Dieser Kuss aber war anders. Er war so, wie ich ihn mir immer ausgemalt hatte.

Mein schlechtes Gewissen war riesig, und ich wusste nicht, wie ich mit der Situation umgehen sollte.

Meine andere Freundin schien etwas zu merken und hielt fest zu Regina. Ich hatte sonst noch eine dritte Freundin, die aber nicht in der Partyszene unterwegs war. Mit ihr und ihrer Familie verbrachte ich viel Zeit mit Kartenspielen und Quasseln, aber nicht über Jungs.

Die Anziehung zwischen dem Typen und mir wurde immer stärker. Schließlich verabredeten wir uns allein, und irgendwann sprachen wir darüber, was wir nur tun sollten. Ich wollte nicht weiter unehrlich sein, wusste aber, wenn ich Regina die Wahrheit sagte, wäre dies das Ende unserer Freundschaft. Und auch alle anderen aus der Clique würden sich berechtigterweise gegen mich stellen.

Genau so kam es dann auch.

Später lernte Regina einen neuen Freund kennen, mit dem sie noch immer glücklich verheiratet ist und zwei erwachsene Töchter hat, und alles kittete sich. Aber die Unbeschwertheit und Träumereien unserer Teenagerzeit waren unwiederbringlich verloren.

KAPITEL 4

WOHIN GEHÖRE ICH?

Das Tolle am Erwachsenwerden ist dieses Gefühl von Freiheit. Man ist überzeugt, man wird alles hinter sich lassen, was einen eingeengt, was einen verletzt hat, und sich ein eigenes, besseres Leben aufbauen.

Das Dumme ist nur, dass man sich selbst mitnimmt. Sich selbst und alle Erfahrungen der Kindheit, die einen geprägt haben. Und irgendwie erlebt man das, was man unbedingt hinter sich lassen wollte, immer wieder aufs Neue. Es ist ein bisschen wie mit diesen Remakes im Fernsehen. Die Orte, an denen gedreht wird, ändern sich, die Besetzung, die Kostüme, aber das Drehbuch bleibt im Grunde das gleiche. Und irgendwie findet man die Fernbedienung nicht, um den Sender zu wechseln. Und so hängt man fest in den Re-Inszenierungen des eigenen Lebens. Zumindest ging es mir so.

Insofern sollte es kaum überraschen, dass ich in meinen Beziehungen zu Männern verließ und verlassen wurde, Nähe suchte und davor floh. Dass ich Mühe hatte, Vertrauen zu entwickeln, und wenn ich es tat, dann gezielt bei den Falschen. Ich war mit Alkoholikern zusammen, und wir taten uns gegenseitig nicht gut. Mir wurde der Kopf eingeschlagen, ich musste mich vor schweren Misshandlungen retten.

Ich hatte viele Lebensgefährten. Nie waren es oberflächliche

Bettgeschichten, für mich war es immer ernst. Ab und zu hatte ich auch zwei Partner gleichzeitig, ohne dass diese voneinander wussten. Aber nicht, weil ich sexsüchtig gewesen wäre, sondern weil ich auf der Suche nach Liebe war. Wirklich gefunden habe ich sie lange nicht. Ich habe sogar geheiratet, einen Mann, den ich bis zum Heiratsantrag noch nie gesehen hatte.

Eines war offensichtlich: Mit Beziehungen kam ich nicht klar.

Ein Problem waren natürlich auch die Tiere. Ein Anzug voller Hundehaare macht sich bei einem Banker nicht unbedingt gut. Und nicht jeder mag mit einer Frau mit einem Frettchen auf der Schulter gesehen werden. Viele meiner Partner hatten Träume von Fernreisen, von einer steilen Karriere. Aber nicht einer war dabei, der sich eine kleine Farm gewünscht hätte.

Fernreisen? Ohne meine Tiere? Niemals.

Ich wollte aber auch keinen Langweiler, der immer tat, was ich wollte. Also suchte ich die Herausforderung.

Mit meinem allerersten Freund habe ich viel erlebt.

Und ja, ich habe ihn sehr geliebt.

Ich erinnere mich noch gut, wie ich zum ersten Mal bei ihm übernachtete. Es war im Haus seiner Familie. Er lebte in der Einliegerwohnung am Hang und versicherte mir, dass uns niemand erwischen könne, sein Vater käme nie zu ihm herunter in sein kleines Reich. Er sei mit ihm nicht so streng wie mit der jüngeren Schwester und dem Bruder. Zum Glück, dachte ich im Stillen. Sein Vater war Italiener, mit einer großen Narbe über der Wange und einem unglaublich strengen Blick. Ich hatte riesige Angst vor ihm.

Am allerfrühesten Morgen hämmerte es an der Wohnungstür. Es war sein Vater. Ich war wie versteinert. Durch das wenige Licht, das durch den Vorhangspalt hereinfiel, sah ich, dass mein Freund ganz bleich wurde. Nach der ersten Schrecksekunde kam Leben in mich. Ich schnappte meine Kleidung, kletterte aus dem Fenster in den Garten und flitzte um die Ecke. Hastig zog ich mich an und rannte am Haus vorbei die Straße hoch. Ich musste durch den ganzen Wald nach Hause laufen, aber ich war froh, dass der furchterregende Vater mich nicht erwischt hatte.

In den folgenden Wochen war ich oft bei meinem Freund und wurde offiziell der Familie vorgestellt. Wenn wir gemeinsam aßen, sah mich der Vater immer mit seinem durchdringenden Blick an. Ich war nach wie vor ziemlich eingeschüchtert – bis er eines Tages schallend lachte und erzählte, er habe nicht mehr an sich halten können vor Lachen, als er das Mädel im Schlüpfer im Garten hatte stehen sehen …

Mein Vater war weniger locker. Ausnahmsweise war er mal da, als mein Freund mich mit seiner 80er abholen kam. Er blickte zum Fenster hinaus, sah das Motorrad und sah mich völlig schockiert an. »Das ist ja ein Rocker!«, waren die einzigen Worte, die er hervorbrachte.

Nach der Schule hatte ich einen Job in einer kleinen Fabrik, um erst mal Geld zu verdienen. Mein Vater finanzierte meine Wohnung und anfangs auch mein Auto. Geld ersetzt aber Liebe nicht – das hat er nie verstanden. Mein Freund und ich waren noch so jung, wir lebten ganz im Augenblick. Mal war ich bei ihm, dann er bei mir, und hin und wieder kamen gemeinsame Freunde vorbei. Ich erinnere mich noch an einen denkwürdigen Filmabend. Mein Freund und sein Kumpel kamen vorbei und beschlossen, Horrorfilme zu gucken. Ich hatte riesige Angst, wie immer, wenn wir derartige Streifen sahen. Beim kleinsten Geräusch zuckte ich zusammen.

Mitten in der Nacht wollten die beiden aufbrechen. Ich war ziemlich perplex, denn ich hatte fest darauf gehofft, dass sie bei mir übernachten würden. So ganz allein in der Wohnung und den Kopf voller Horrorgeschichten, das war mir gar nicht geheuer. Also handelte ich mit ihnen aus, dass sie wenigstens bleiben würden, bis ich im Bett läge. Was sie dann auch taten. Ich putzte mir die Zähne und schlüpfte unter die Decke. Wenig später hörte ich die Wohnungstür zuschlagen.

Mit Herzklopfen lag ich im Bett und versuchte mich zu beruhigen. Was soll mir schon passieren?, sagte ich mir. Aber Vernunft und Fantasie sind zwei unterschiedliche Dinge, und zumindest an Letzterer hat es mir noch nie gemangelt.

Plötzlich sah ich, wie sich die Klinke meiner Schlafzimmertür wie in Zeitlupe nach unten bewegte. Mein Herz setzte aus, ich schrie los. Ich konnte mich überhaupt nicht mehr beruhigen und bekam Atemnot, selbst dann noch, als mein Freund und sein Kumpel sich zu erkennen gaben. Die beiden hatten nur so getan, als wären sie gegangen. Und ich fühlte mich wie kurz vorm Herzinfarkt.

Es war die Zeit der Jugendstreiche, der ersten Liebe, voller Unbekümmertheit und ohne große Gedanken an die Zukunft.

Damals machte ich eine Ausbildung zur Bürokauffrau. Zu meiner Zeit schrieb man noch mit der elektrischen Schreibmaschine. Unsere Lehrerin roch sehr seltsam, sie war mindestens neunzig. Sie hatte die wenig ratsame Angewohnheit, sich den Hals zu reiben. Von den Ohren abwärts war ihre Haut ganz schwarz. Das kam von dem Durchschlagpapier, das die Hände schwärzte.

Beim Reden hüpfte immer ihr Gebiss, und wenn sie sich über mich beugte, um zu sehen, ob ich auch ordentlich tippte, hatte ich Angst, es könne mir mitten auf die Schreibmaschine fallen.

Mein Freund und ich erlebten viel zusammen. Lustige Reisen, chaotische Reisen. Die Bundeswehrzeit.

Ich schickte ihm jede Menge Pakete in seine Kaserne. Mit Pullovern, Bergen von Süßigkeiten und allem, was man sich so vorstellen kann. Er schämte sich ganz arg, weil bei der Postausgabe jeder seiner Kumpels maximal einen Brief übergeben bekam und er erhielt Riesenpakete, die ihm seine Vorgesetzten mit finsterer Miene aushändigten.

Einmal im Winter machte ich einen Überraschungsbesuch in der Kaserne, blieb ausgerechnet mit dem Wagen genau vor der Schranke stecken und verursachte einen Aufruhr. Das war ihm dann noch peinlicher als die Pakete.

Acht Jahre waren wir zusammen, acht Jahre hielt er durch, was meine Tiere betraf, die so nach und nach dazukamen. Es fing an mit Kaninchen und Frettchen, dann die Katze, Ratten, und einen Pflegehund hatte ich auch. Letzten Endes konnte er meinen Tierwahn aber nicht verstehen. Er war einfach eher der Motorradfan.

Aus vielerlei Gründen trennte ich mich von ihm. Vor allem geschah es aus Vernunft. Vernunft und ich – das klingt erst mal paradox, doch es war so. Trotz aller Liebe spürte ich, dass wir keine gemeinsame Zukunft hatten. Vielleicht war er mein Traummann, aber er hätte niemals in meine Traumzukunft gepasst. Eine kleine Farm mit noch mehr Tieren hätte ihm ganz sicher nicht gefallen. Er war der coole Motorradtyp, der es genoss, wenn die Frauen ihn anbaggerten. Auch wenn er vermutlich nie fremdging, war mir das zu anstrengend und nicht der Weg, den ich einschlagen wollte. Wenngleich ich mich nur schweren Herzens von ihm trennen konnte. Wir haben heute noch Kontakt und schreiben uns.

Meine Mutter hatte sich längst getrennt und einen neuen Partner kennengelernt, der ihr guttat, ihrem Leben Stabilität verlieh, während mein Vater damals nach wie vor in Düsseldorf wohnte. Irgendwann meinte er, er müsse sich in mein Leben einmischen. Ich packte eine kleine Sporttasche, legte ihm den Wohnungsschlüssel hin und zog die Tür zu. Für Wochen schlief ich auf der Straße, bei Freunden oder kam sonst irgendwo unter, bis ich später selbst eine kleine Wohnung fand.

Nach meiner Trennung sprang ich von einer kurzen Affäre in die nächste. Es waren nichtssagende Beziehungen, bei denen ich zu Beginn regelmäßig überzeugt war, es könnte die große Liebe sein.

Ich zog in ein Häuschen in einem Dorf abseits von Stuttgart. Die Schwaben können eigen sein. Für die Dorfgemeinschaft war ich eine Ausländerin, die nicht mal beim Bäcker bedient wurde. Man redete hinter meinem Rücken schlecht über mich, und ich fühlte mich unglücklich. Später zog ich nach Stuttgart in ein vornehmes Viertel oberhalb der Weinsteige, von wo aus ich die ganze Stadt überblicken konnte.

Irgendwann in dieser Zeit lernte ich einen Typen kennen, in den ich völlig verschossen war. Als er sich ausgerechnet mit mir verabredete, dachte ich, so viel Glück könne doch gar nicht sein. Was immer er tat oder sagte, ich war hin und weg.

Einen Abend werde ich nie vergessen.

Es war ein Gewitter angesagt, aber er lieh sich ein Cabrio aus und lud mich zu einer Ausfahrt ein. Es war ein unglaublich warmer, schwüler Sommerabend, und wir fuhren durch ein Tal bei uns in der Nähe. Der Himmel zog sich immer weiter zu und nahm eine gespenstische lila Farbe an.

Wir hielten am Waldparkplatz, schlossen das Verdeck und liefen Hand in Hand zum Waldsee.

In einiger Entfernung grollte der Donner, die ersten Blitze

zuckten und erhellten den See vor uns. Ich glaube, ich habe seitdem nie wieder solch eine Himmelsfarbe gesehen.

Wir setzten uns an den See, zogen uns aus und schliefen miteinander auf dem Waldboden, umgeben von Donnergrollen und immer stärker werdenden Blitzen weit über uns in dem abenteuerlichen Himmel.

Es fing an zu regnen. Irgendwie nahmen wir das nicht wirklich zur Kenntnis, die Stimmung war unglaublich. Bis es wie aus Eimern goss und die Realität uns einholte. Die Haut nass vom Regen, am See, unter einer riesigen Eiche im größten Gewitter.

Plötzlich packte mich die Angst. Ich musste an irgendwelche Serienmörder denken, die Pärchen umbrachten, und wollte nur noch zurück. Wir zogen uns an und rannten zum Parkplatz.

Als wir klitschnass im Wagen saßen und losfuhren, raste mein Herz noch immer, aber ich beruhigte mich langsam wieder. Die Heizung tat irgendwann ihr Übriges, sodass mein Zittern aufhörte. Es war empfindlich kalt geworden, und der schöne Mietwagen mit seinen Ledersitzen dürfte auch ziemlich gelitten haben.

Ich fieberte einem Wiedersehen entgegen, einem weiteren Abenteuer, doch die nächsten Tage hatte mein neuer Freund keine Zeit. Dann erfuhr ich durch einen Bekannten, dass er noch eine andere Freundin hatte. Ich sah ihn nie wieder.

Es folgten nichtssagende Beziehungen, die einfach nicht funktionierten.

Dann aber trat Rocky in mein Leben.

Rocky war ein Tervueren, ein langhaariger Belgischer Schäferhund. Er lenkte mich von meinem Kummer ab, und auf gewisse Weise füllte er das emotionale Vakuum, in das ich gerutscht war. Das war wohl einer der Fehler, die ich im Umgang mit Rocky beging, doch damals wusste ich es nicht besser.

Im Grunde war es eine Katastrophe mit ihm und mir, weil ich Angst hatte, alles falsch zu machen. Er war mein erster eigener Hund. Ich wollte unbedingt, dass er mich lieb hatte, und tat deshalb alles, was er wollte – ein Verhalten, das ich später völlig ablegte.

Rocky wollte nach rechts gehen, ich dachte: Okay, er muss dich mögen, gehste nach rechts. Ich war die Bedienstete, aber nie die Partnerin, auf die man sich hundertprozentig verlassen kann. Ein Hund aber braucht einen Partner, der den Weg kennt. Volles Vertrauen, Führung, ein Team, Konsequenz, womit nicht Strafen gemeint ist. Hunde kennen nur Richtig oder Falsch. Schwarz oder Weiß. Nicht Grau, heute ein Ja, morgen ein Vielleicht. Das verunsichert nur und veranlasst einen Hund, selbst zu handeln. So auch Rocky. Dementsprechend oft durfte ich ihn im Tierheim abholen, weil er mal wieder auf Freiersfüßen war.

Einmal latschte er gemütlich die Weinsteige hinunter und hätte beinahe einen Kranwagen von der Fahrbahn abgedrängt. Jeder, der mal in Stuttgart war, kennt die Weinsteige und weiß, welcher Verkehr dort herrscht.

Ein anderes Mal war er mitten in der City unterwegs und bettelte an einer Currywurstbude. Wahrscheinlich wollte er eine kleine Pause einlegen, nachdem er den halben Tag auf Hündinnen-Fährten unterwegs gewesen war, und dachte sich, ein kleiner Snack könne nicht schaden.

Der Imbissbesitzer hielt ihn mit Würsten bei Laune und rief den städtischen Hundefänger, der bei seinem Eintreffen total begeistert war, weil Rocky so gut folgte.

Natürlich ließ ich Rocky nicht einfach aus den Augen, aber manchmal gelang es ihm eben doch, mir zu entwischen. Er hatte alle möglichen Tricks drauf, schlüpfte blitzschnell rückwärts aus dem Halsband und kletterte einmal über das geschlossene Tor. Das merkte ich, als ich Rocky reinholen wollte und ihn nirgends finden konnte. Ich rief und rief, aber er kam nicht. Meine Freunde und ich suchten überall nach ihm. Rocky aber blieb verschwunden. Wir druckten Hunderte von Zetteln und hängten sie überall auf. Ich rief unzählige Male im Tierheim an, nichts.

Ich hatte die schlimmsten Bilder vor Augen und konnte nicht mehr schlafen. Nach vier Tagen war ich mit den Nerven am Ende. Da erhielt ich einen Anruf. Eine Frau war am Apparat und sagte, sie habe meine Nummer vom Tierheim, mein Hund sei wohl bei ihr.

Ich fuhr sofort hin. Es war ein vornehmes Wohnviertel, dicht am Wald, wunderschön. Lauter kleine Einfamilienhäuser mit viel Holz und richtig gemütlich.

Ich klingelte an der angegebenen Adresse und wurde hereingebeten. Die Frau war völlig aufgelöst und erzählte mir, sie sei mit ihrer Hündin spazieren gewesen, als plötzlich ein Hund gekommen und ihnen bis nach Hause gefolgt sei. Die Hündin sei unglaubliche zwanzig Jahre alt und möge andere Hunde überhaupt nicht, diesen aber schon.

Inzwischen waren wir in einem hellen, modern eingerichteten Wohnzimmer mit einem großen Kamin angekommen. Auf dem Fußboden war eine riesige Decke mit Kauknochen und Hundespielzeug ausgebreitet. In der Mitte lag eine sehr alte Hündin, die aber immer noch klare Augen hatte – und neben ihr mein Rocky, wie ein Pascha.

Er sah mich und wedelte huldvoll mit der Rute, um gleich darauf weiter an seinem Kauknochen zu nagen.

Ich schämte mich in Grund und Boden. Verunsichert blickte mich die Frau an und fragte, ob das wirklich mein Hund sei. Natürlich war er das.

Sie hätte ihn gern behalten, weil sie damit rechnen musste, dass ihre Hündin bald starb. Und er sei doch so ein lieber Hund.

Ja, lieb war er, aber in diesem Moment war ich mir nicht sicher, welches Gefühl überwog. Die Freude, ihn heil wiederzuhaben, oder die Wut, dass er mir wieder mal einen Riesenschrecken eingejagt hatte.

Erschwerend kam hinzu, dass Rocky als freundlicher junger Hund sehr schwer verletzt wurde.

Eines Morgens ging ich mit ihm spazieren, auf dem Gehweg in Richtung der Feldwege.

Es war sehr früh, etwas neblig und kein muscheliges Wetter, wie man in Schwaben sagt.

Außer uns war sonst niemand unterwegs – dachte ich. Fast am Ende des Wegs bog ein frei laufender Schäferhund vom Feldweg auf den Gehweg ein. Kein Besitzer in Sicht.

Der Hund beschleunigte und rannte auf uns zu. Rocky war an der Leine, und ich blieb stehen. Der Hund aber beschleunigte weiter und stürzte sich ungebremst auf Rocky. Der kapierte erst nicht, wie ihm geschah, wollte ausweichen, doch der fremde Hund packte ihn an der Seite. Rocky schrie auf. Der Hund riss ihm die vordere Schulter auf, ließ los und verbiss sich in seinen Hals. Er schleuderte ihn zu Boden, Rocky schrie und wimmerte, der Hund setzte nach und schüttelte ihn wie einen Teppich. Der Schäferhund war um ein Vielfaches größer und kräftiger, und inzwischen war Rocky nicht mehr bei Bewusstsein.

Überall war Fell, Blut … und ich? Ich stand vor Schock wie versteinert da und starrte auf die Szene direkt vor mir. Ich konnte nicht einschreiten, nicht schreien, nicht reagieren, nichts. Das war mir vorher noch nie passiert, ich beschützte meine Tiere immer. Jetzt aber war ich vor Angst um Rocky völlig gelähmt. Selbst dann noch, als der Hund ein Stück aus Rockys Seite wegriss und der Besitzer plötzlich neben uns auftauchte. Er griff ins Halsband seines Hundes und zog ihn weg.

Ohne ein Wort ging er mit seinem Schäferhund davon. Keine Entschuldigung, nichts.

In mir schrie es: Halt, Ihr Hund hat meinen Rocky getötet! Aber es kam kein Ton aus meinem Mund.

Dann endlich erwachte ich aus meiner Schockstarre und kniete neben Rocky nieder. Er atmete noch.

Ich trug ihn zum Auto. Um aufzuschließen, musste ich ihn auf der Motorhaube ablegen. Dann bettete ich ihn auf die Rücksitzbank und raste zum Tierarzt. Der erschrak, als er meinen Hund sah. Sogar die Speiseröhre war verletzt, und er hatte sehr viel Blut verloren.

Ich erstattete Anzeige, hatte jedoch keine Zeugen.

Rocky musste lange Zeit in der Praxis bleiben. Zum Glück überlebte er, entwickelte aber einen unglaublichen Hass auf Schäferhunde und teilweise auch auf andere Hunde. Aus seiner Angst heraus griff er lieber an, bevor ihm wieder etwas passieren konnte.

Es war nicht einfach mit Rocky, aber die Probleme mit ihm waren hausgemacht. Ich war ihm keine verlässliche Partnerin. Und immer schwang mein schlechtes Gewissen Rocky gegenüber mit, dass ich ihn im Stich gelassen hatte.

Ich hätte ihm helfen müssen und hatte versagt. Aber Hunde leben im Jetzt und nicht im schlechten Gewissen. Ich hätte es einfach wieder wettmachen können, indem ich mich ihm gegenüber konsequent verhielt, aber meine Unsicherheit machte alles nur schlimmer.

Zu jener Zeit hatte ich eine Beziehung mit einem Mann, der sehr viel Wert auf ein gepflegtes Äußeres legte und immer tadellos aussah.

Selbst wenn wir nur zum Einkaufen fuhren, brauchte er fast zwei Stunden im Bad, während ich draußen im Jogginganzug herumsprang und mit Rocky spielte. In meinem »Trääaner-Outfit«, wie ich meinen Stil nannte, fühlte ich mich am wohlsten, auch wenn ich damit laut Karl Lagerfeld die Kontrolle über mein Leben verloren hatte. Ich glaube, mein damaliger Freund sah es genauso. Dementsprechend war auch sein Blick, wenn wir dann endlich loswollten. Es war ihm einfach peinlich mit mir, und wir fuhren tatsächlich in getrennten Autos. Er in seinem Mercedes, Rocky und ich in meinem kleinen alten Corsa.

Belgische Schäferhunde sind sehr lebendig und zeigen ihre Freude immer mit vollem Körpereinsatz. Ich liebe das Temperament, den Körpereinsatz und den Dreck. Auch meine Greifvögel und Eulen dürfen auf Kopf und Schultern fliegen und neben meiner Wange eine Maus verspeisen. Wer Anzug und frisch gebügelte Hemden trägt, kann dem Körpereinsatz aber einfach nicht so viel abgewinnen.

An einem Sonntag machten wir einen Ausflug, und Rocky benahm sich erst einmal tadellos. Bis wir an einem Abenteuerspielplatz vorbeikamen, mein Freund sich auf einen dieser Teller schwang und am Stahlseil losraste. Rocky war begeistert und raste gleich hinterher. Ich rief nach ihm, aber es war zu spät. Wenige Sekunden später hing die teure Hose in Fetzen, und Rocky freute sich wie verrückt.

Das war im Grunde auch schon das Aus der Beziehung, und der Rückweg verlief in tiefstem Schweigen.

Ich wusste innerlich nicht, ob ich meinen Hund verfluchen oder in schallendes Gelächter ausbrechen sollte.

Schließlich lernte ich einen Mann kennen, der ganz und gar zu mir passte. Er mochte Rocky und teilte meine Tierleidenschaft.

Leider war seine Lebenssituation schwierig. Er war verheiratet und hatte Kinder. Wir hatten beide kein Geld, es war wirklich kompliziert. Wir trafen uns dennoch jeden Tag. Meist gingen wir mit den Hunden spazieren und redeten über alles Mögliche. Oft übernachteten wir zusammen mit den Hunden unter freiem Himmel.

Die Beziehung war kompliziert, aber die Anziehung zwischen uns war stark, die intensivste bisher in meinem Leben. Ich glaube, es war die gleiche Denkweise über Tiere, die uns verband. Das und die Liebe zur Natur.

Wir waren viel draußen unterwegs, aber ich wusste, dass wir nicht zusammenleben würden. Niemand wusste von unserer Beziehung, und wir mussten uns immer verstecken, immer aufpassen. Schließlich trennte ich mich von ihm. Ich wusste, es gab für uns keine echte Perspektive.

Wir sahen uns sechs Monate lang nicht. Telefonierten nicht, gar nichts. Trotzdem ging ich in den sechs Monaten jeden Tag unsere Hunderunde laufen. Es gab eine Menge anderer Gebiete in der Nähe, aber ich lief immer diese Strecke. Vermutlich hoffte ich insgeheim, ihn zu sehen. Das geschah aber nicht.

Nach sechs Monaten stand er mir nach einer Hundeveranstaltung plötzlich gegenüber. Wir sahen uns an, nahmen uns in die Arme, und alles fing von vorn an.

Er war ebenfalls jeden Tag unsere Hundestrecke spazieren gegangen, die ganzen sechs Monate über, doch zu anderen Zeiten als ich. Ein seltsamer Zufall, dass wir uns nie begegnet waren.

Irgendwann kamen wir doch noch offiziell zusammen. Ich fand eine kleine Wohnung für uns. Wir hatten nicht mal genug Geld zum Leben. Manchmal grub ich auf den Feldern Karotten und Kartoffeln aus, damit wir etwas zu essen hatten.

Nichts ist von Dauer, und ich beendete die Beziehung irgendwann Hals über Kopf. Auch wenn es wehtat. Ich sah keine Möglichkeit für eine gemeinsame Zukunft. Wenn ich an mein Leben dachte, dann spürte ich, dass all das, was ich mir ausmalte, meine Wünsche, meine Ziele, mehr und mehr in Vergessenheit gerieten. In meinem Innern sehnte ich mich nach dem einen Menschen, an dessen Seite ich so sein konnte, wie ich nun mal war. Der meine Liebe zu Tieren teilte, ein Stück des Weges mit mir ging – eines Weges, der mich zu mir hinführte und nicht immer weiter von mir weg. Anziehung ist mächtig, doch in die gleiche Richtung zu blicken war es, wonach ich mich sehnte. Danach und nach Liebe.

Wenigstens machte mir meine Arbeit unheimlich viel Spaß. Seit einer Weile war ich bei einer Immobilien- und Bauträgergesellschaft angestellt. Das Büro war im Haus meines Chefs untergebracht. Ich durfte meine Hunde mitnehmen, zu Rocky hatte sich noch ein zweiter Hund gesellt, ein langhaariger belgischer Schäferhund mit Malinois im Stammbaum. Mein Chef und seine Familie hatten selbst einen Schäferhund und ein Pferd. Zwischen uns entwickelte sich eine enge Freundschaft.

Rocky wurde fünfzehn Jahre alt, und wir haben eine Menge zusammen erlebt. Ihm konnte ich wirklich keinen Vorwurf machen für die Probleme, die wir miteinander hatten, und alles in allem liebten wir uns.

Wenn sich das Chaos meiner Kindheit und Jugend in irgendetwas fortsetzte, dann war es in meinen Beziehungen zu Männern.

Natürlich spielte es eine Rolle, dass ich kein Selbstbewusstsein entwickelt hatte. Dass mein Vater überwiegend abwesend war. Dass er mir nie Wertschätzung entgegengebracht hatte. Auch wenn ich mich ihm fast vollständig entzogen hatte, setzte sich die Ablehnung, die er mir von Geburt an entgegengebracht hatte, schleichend fort. Wir alle verinnerlichen die Botschaften, die an uns ausgesendet werden, und nehmen sie als unsere Wahrheit an. Das Hinterfragen kommt erst später, dann, wenn man realisiert, wie man immer wieder in ähnliche Szenarien schlittert, wenn man spürt, wie gefangen man in Themen ist, die man doch längst hinter sich lassen wollte.

Ich hatte einfach kein Rezept für eine funktionierende Partnerschaft zur Hand. Seit meinem ersten Freund hatte ich immer alles gegeben … hatte versucht, meinen jeweiligen Partner glücklich zu machen, ihm schöne Dinge zu schenken, sofern mir das möglich war, und ihn zu verwöhnen. Ich war großzügig und gab alles her, ohne jede Berechnung, und ich zog kaum Grenzen. Außer, wenn es bereits zu spät war, wenn in mir mal wieder eine Illusion gestorben, eine Erwartung nach der anderen verpufft war. Dann ging ich, und zwar meist endgültig. In der Regel war ich diejenige, die die Trennung vollzog. Und ich blickte nicht mehr zurück.

Aber das hieß nicht, dass ich keine Narben davontrug. Mit jeder zerbrochenen Beziehung, so falsch sie sich auch angefühlt hatte, so aufregend oder so nichtssagend, starb ein Stückchen mehr von meiner Hoffnung, eine liebevolle Beziehung zu erleben. Natürlich hatte ich keine Ahnung, wie eine solche im Detail aussehen sollte, ich war in gewisser Weise naiv, was Männer betraf. Meine Oma trauerte noch immer dem Mann hinterher, der sie geschlagen und verlassen hatte. Was meine Eltern je füreinander empfunden hatten, war für mich nie spürbar gewesen.

Im Hinblick auf meine Beziehungen war ich ohne Kompass unterwegs. Und mit jedem Abschied vertraute ich meinem Bauchgefühl ein Stück weniger.

Warum gleitet man ab? Warum wurde es immer schwieriger als besser?

Kapitel 5

Und es geht abwärts

Mir wurde wehgetan, und ich tat anderen weh. Ich kämpfte nicht genug für die Menschen, für die ich hätte kämpfen sollen. Und auch nicht für mich selbst.

Ich stürzte mich in Beziehungen, die mich zutiefst veränderten. Im Rückblick folgen sie alle einem Muster, doch als ich mittendrin steckte, erkannte ich es nicht.

Um Selbstwertgefühl zu entwickeln, braucht man nun mal das Gefühl, selbst etwas wert zu sein. Man hört ja immer wieder, man solle mit sich umgehen wie mit der besten Freundin. Hätte das damals jemand zu mir gesagt, hätte ich vermutlich laut gelacht oder dumm geguckt. Und hätte jemand etwas Gutes über mich gesagt, mich gelobt, mich schön und liebenswert gefunden, hätte ich ihm vehement widersprochen. In dieser Hinsicht konnte ich unglaublich stur sein und bin es heute noch.

Alkohol ist heimtückisch. Nicht nur für die Menschen, die an Alkoholismus erkranken, sondern auch für ihre Partner, die in diese Triade aus Alkohol–Du–Ich verstrickt sind. Der Partner ordnet die Beziehung, ja, sein ganzes Leben dem Alkohol unter. Er ist krank, und wer die Krankheit nicht selbst kennt, nicht versteht, sucht und findet alle möglichen Gründe in dem Verhalten des anderen. Man will das Beste für den Menschen an seiner Seite und macht es doch nur schlimmer, man zieht sich gegenseitig runter. Und manchmal realisiert man nicht mal, dass das Problem vorhanden ist.

Früher hatte ich mich immer gefragt, wie eine Frau nicht merken kann, dass ihr Partner Alkoholiker ist. Und nun war ich genau so eine Frau. Ich merkte es lange Zeit tatsächlich nicht.

Bis auf eine Ausprobierphase in meiner Teenagerzeit habe ich nie Alkohol getrunken und trinke auch heute keinen. Anders meine Eltern. Sie machten ständig Party, tranken und rauchten viel.

Inzwischen bin ich mir sicher, dass mein Vater Alkoholiker war. Ich hatte mir darunter nur immer einen anderen Menschen vorgestellt, keinen Geschäftsmann im Anzug. Doch er trank literweise Wein, und wehe, es war keine Flasche mehr im Haus. Da konnte er regelrecht ausrasten.

Aber das alles begriff ich erst, als meine Beziehung mit dem Alkoholiker in die Brüche ging und ich erst nach und nach realisierte, was das Problem gewesen war. Ich war seinem Alkoholismus gegenüber machtlos und konnte nichts für ihn und unsere Beziehung tun. Wieder trennte ich mich Hals über Kopf, und das erwies sich als richtig für uns beide.

Ansonsten geschah 2002 etwas ganz Besonderes in meinem Leben: Ich hatte meinen ersten Wurf Malinois.

Der Grund, warum ich ausgerechnet die kurzhaarige Varietät des Belgischen Schäferhunds züchtete, lag schon lange Jahre zurück. Damals besuchte ich mit einem Freund eine Hundeausstellung in Stuttgart und sah dort einen Malinois. Ich blickte ihn an und war sofort fasziniert von ihm. Es war weniger sein Äußeres als vielmehr die Art, wie er seinen Besitzer ansah, so aufmerksam und voller Spannung. Malinois sind intelligent und blitzschnell in ihren Reaktionen. Sie werden auf Leistung gezüchtet und brauchen eine Aufgabe, werden Diensthunde bei der Polizei und beim Zoll.

Ich wusste sofort, diese Rasse ist etwas Besonderes. Mein Begleiter hingegen konnte dem Hund nichts abgewinnen, er verstand mich nicht.

Ich hingegen war überzeugt, das ist der Hund, der zu mir passt. Kernig, kräftig und zugleich sensibel.

Damals gab es noch kein Internet, und in den wenigen Büchern fand ich kaum etwas über diese Rasse. Es sollte noch einige Jahre dauern, bis ich Chuck bekam, meinen ersten Malinois.

Chuck war typisch für seine Rasse, wild, rastlos, mitunter hektisch. Ruhe kannte er keine, genau wie ich. Im Grunde war er ein echter Hitzkopf. Ich kaufte noch eine Hündin vom selben Züchter, die einen tollen Charakter hatte und sich vorzüglich für die Zucht eignete.

Insgesamt hatten wir zwei Würfe mit jeweils zehn Welpen. Zum ersten Wurf gehörte Andorra, die ich später Doris nannte und die mich bis in ihr hohes Alter von fünfzehneinhalb Jahren begleitete.

Ich liebte jeden einzelnen Welpen, aber es fiel mir letzten Endes dann doch nicht so schwer, sie abzugeben, weil sie tolle Besitzer fanden und selbst ich einsah, dass ich nicht alle behalten konnte. Malinoiswelpen sind auch nicht mit anderen Hundebabys zu vergleichen. Ab der sechsten Woche sind sie alles andere als kuschelig. Im Gegenteil, es ist ratsam, sich ihnen nur in dicker Hose und mit Gummistiefeln zu nähern. Sie sind ungestüm und biestig und verbeißen sich alle auf einmal in jeden, der ihnen zu nahe kommt.

Eine Hündin aus dem B-Wurf kaufte ich zurück, als der Käufer sich von seiner Frau trennte und sein Leben nicht auf die Reihe bekam. Er rief mich an und sagte, er könne sich partout nicht um die Hündin kümmern. Da sie sich leider überhaupt nicht mit Doris vertrug, suchte und fand ich einen anderen Platz für sie.

Schon damals spürte ich, dass ich im Grunde nur in Gegenwart von Tieren ganz ich selbst sein konnte. Ich war fasziniert von Bussarden, von Greifvögeln überhaupt, von Geparden, Hyänen, Wölfen. Von Tieren, die sich etwas Wildes bewahrt hatten, sich nicht wirklich domestizieren ließen. Sie spiegelten eine Seite von mir … dieses Einzelkämpfer-Dasein, das ich führte, auch wenn ich selten allein war. Es war schwer, wirklich an mich heranzukommen, obwohl ich Menschen liebte und Beziehungen einging. Vielleicht fehlte mir das Vertrauen. Das Vertrauen, mich ganz fallen zu lassen und aufgefangen zu werden, statt irgendwo aufzuschlagen und zu zerschellen.

Was meinen Vater anging, so hatten wir so gut wie keinen Kontakt mehr. Als er später starb, erwähnte er mich mit keinem Wort in seinem Testament. So als hätte ich niemals existiert. Das tat weh. Dabei ging es mir überhaupt nicht ums Geld. In einem Winkel meines Herzens hatte ich gehofft, er würde mir ein Zeichen geben, sich entschuldigen. Hatte gehofft, es könnte ihm an Ende seines Lebens leidtun, dass er mir von Anfang an nur Abneigung entgegengebracht hatte. Nun ja, die Hoffnung stirbt bekanntermaßen zuletzt.

Mit meinen Beziehungen ging es abwärts. Jetzt lernte ich Gewalt kennen. Anfangs verkleidete sie sich in Gestalt eines zuvorkommenden blonden Mannes, der leicht humpelte, die Folge eines Unfalls in seiner Jugend.

Als wir uns kennenlernten, war er smart, er mochte meine Hunde und lud mich ein, mit meinen Tieren zu ihm zu ziehen. Er lebte in einem ehemaligen Bauerhaus, das ein Stück abseits einer kleinen Bahnlinie lag. An schönen Tagen konnte ich bis zum Hunsrück sehen.

Von dem Anwesen stand nur noch das Wohnhaus mit seinem Schieferdach. Schön war es nicht, die Wetterseite war ganz mit grauen Schindeln bedeckt. Aber als ich dort stand und mein Blick über die Felder schweifte, erinnerte ich mich an meinen Traum von der Farm, und ich fragte mich, ob ich hier vielleicht richtig war.

Falscher hätte ich kaum liegen können.

Aber das merkte ich erst, als mein Leben sich bereits viel zu sehr mit seinem verwoben hatte. Er wollte nicht, dass ich arbeitete, und in der näheren Umgebung war auch keine Stelle zu finden, zu der ich meine Hunde hätte mitnehmen können. Ich verstand seinen Wunsch als Zeichen von Liebe, dachte, dass er mich so viel wie nur möglich um sich haben wollte … Und ich begriff nicht, dass ich mich von ihm abhängig machte.

Meine Tiere hatten dort Platz gefunden. Ich arbeitete viel am Haus, nahm mir den Dachboden vor. Eine kleine Holztreppe führte hinauf, die meinem Freund wegen seines lahmen Beins Mühe bereitete. Vielleicht könnte ich mir dort nach und nach ein eigenes kleines Reich einrichten, dachte ich.

Doch dann kam die Gewalt.

Zuerst war ich wie erstarrt. Gab mir Mühe, ihn nicht zu reizen. Dann folgte die Scham. Die Aggressionen richteten sich immer häufiger gegen mich, und mit ihnen wuchs meine Angst. Oft schloss er mich ein. Wenn ich etwas Falsches sagte, bekam ich eine Ohrfeige. »Falsch« konnte eine Kleinigkeit sein. Einmal platzte meine Unterlippe komplett auf.

Es waren schlimme Zeiten, in denen sich in meinem Kopf bald alles nur noch darum drehte, von ihm wegzukommen. Doch wohin sollte ich mit meinen Tieren ziehen? Mit welchem Geld?

Eines Abends war es so schlimm, dass ich befürchtete, ich würde es nicht überleben.

Ich versuchte, seine ersten Wutattacken zu überstehen, und ging früh zu Bett, zog die Decke über den Kopf und wagte kaum zu atmen.

Als ich seine Schritte näher kommen hörte, drehte sich alles in mir. Er beugte sich über mich, er war betrunken. Wütend zog er mich aus dem Bett, presste mich an die Wand und schlug meinen Kopf immer und immer wieder dagegen. Für kurze Zeit verlor ich das Bewusstsein und sackte zu Boden. Als ich wieder zu mir kam, sah ich, dass er sich auf sein Bett hatte fallen lassen und eingeschlafen war.

Zitternd und verheult stahl ich mich aus dem Haus und packte die Hunde ins Auto. Ich betete, dass sie leise blieben und er nicht wach wurde. Offenbar spürten sie meine Anspannung und gaben keinen Mucks von sich.

Ich betete weiter, setzte mich ins Auto, verriegelte die Türen, startete den Motor und raste los.

Einfach auf die Landstraße, dann auf irgendeine Autobahn. Ich wechselte auf die nächste Autobahn und fuhr und fuhr. Irgendwann konnte ich mir sicher sein, dass mir niemand folgte, und ich beruhigte mich etwas.

Ich zog in ein anderes Bundesland. Später in das nächste und wieder in ein anderes. Die Panik begleitete mich. Wenn ich abends den Müll rausbrachte, hatte ich Angst, er könnte mich gefunden haben. Nachts schlief ich schlecht.

Freunde fand ich nicht wirklich.

Aber irgendwann fand ich meinen zukünftigen Ehemann.

Kapitel 6

Unter Fernfahrern

Im Jahr 2005 lebte ich zeitweilig in Schleswig-Holstein. Eines Abends schrieb ich einem Bekannten und erzählte ihm, dass meine Hunde und ich einen Platz zum Leben brauchten, als dieser den Anruf eines Freundes bekam. Irgendwie wurde ein Gespräch über drei Ecken und das Hundezüchten daraus, und der Freund ließ fragen, wann ich denn mal in Nordrhein-Westfalen sei. Er heiße Stefan, und nebenbei hätte er genug Platz für uns.

Ich lachte und gab zurück, ich würde ganz bestimmt nicht bei einem Unbekannten einziehen. Und ob er denn keine Sorge hätte, dass ich unseriös sei und am Ende seine Möbel klaute. Darauf sagte er mit einem Grinsen in der Stimme, solange ich seine Stereoanlage stehen ließe, sei alles in Ordnung.

Wir tauschten unsere Mailadressen und schrieben in der kommenden Zeit hin und her. Mir saß die schwere Zeit in Rheinland-Pfalz noch in den Knochen, nach wie vor hatte ich Ängste, wenn ich vor die Tür ging. Der lockere Austausch mit Stefan tat mir gut, er gab mir etwas von meiner Unbeschwertheit, meinem Humor zurück. Ich lachte mich schlapp über seine witzigen Mails, und wir hatten jede Menge Spaß miteinander. Immer wieder ließ er durchblicken, ich könne bei ihm unterkommen, und irgendwann alberten wir so herum, dass wir meinten, statt bloß zusammenzuziehen, könnten wir ja gleich heiraten.

Gesagt, getan.

Einen Unbekannten zu heiraten war so verrückt, dass es schon wieder gut war. Tatsächlich lud ich die Hunde und meine wenige Habe ins Auto und machte mich auf den Weg nach Düsseldorf. Am Vorabend unserer Hochzeit wollten wir Klamotten für das festliche Ereignis kaufen, aber wir fanden nicht das Richtige und dachten uns, Jeans und Pulli täten es doch auch.

Am Hochzeitsmorgen lief ich gerade im Jogginganzug im Haus herum, als ich plötzlich gegen einen Türrahmen donnerte und mir den Frontzahn abbrach. Zum Glück fand ich einen Zahnarzt, der mich gleich drannahm. Als ich ihm erzählte, dass ich in weniger als zwei Stunden heiraten würde, prustete er los. Eine dermaßen verpeilte Braut war ihm noch nie untergekommen. Und dabei kannte er nicht mal die ganze Story.

Jedenfalls reparierte er den Zahn notdürftig, riet mir, möglichst nicht viel zu essen und schon gar nichts abzubeißen.

Der Zahn hielt, aber es sollte noch wilder kommen.

Auf dem Standesamt waren seltsame Leute vor uns dran, unter anderem eine Schwangere, die ihren Zukünftigen verprügelte, weil er auf die berühmte Frage, ob er sie ehelichen wolle, mit einem klaren Nein geantwortet hatte.

Wir beschlossen, das nicht als böses Omen zu nehmen. Schließlich waren wir an der Reihe, gaben uns das Jawort – und waren Mann und Frau.

Die ersten Tage dachte ich nur: Oh Mann!

Was hatte ich da mal wieder gemacht! Erschwerend kam hinzu, dass ich vor dem Nichts stand, ich hatte kein Geld, keine Arbeit, wie so oft, wenn ich mal wieder die Zelte abgebrochen hatte. So gut wir uns per Mail und im Chat verstanden hatten, so wussten wir in Wirklichkeit doch nichts voneinander. Jedenfalls war ich mir sicher: Diesen Mann zu heiraten war kein Spaß, sondern ein Riesenfehler gewesen.

Zu Stefans Ehrenrettung muss ich sagen, dass es auch für ihn nicht leicht war. Bestimmt musste er eine Menge mitmachen mit meiner Hektik, der spontanen Art und all den Tieren, die mit mir bei ihm einzogen. Die Tiere schloss er ins Herz, aber unter meiner spontanen Art sollte er auch später noch des Öfteren leiden, etwa dann, als ich ihn einmal mitten in der Nacht weckte und ihm mit dem Vorschlag kam, im Eingangsbereich des Hauses einen Teich anzulegen. Er starrte mich an wie eine Gestalt aus einem Albtraum, drehte sich um und schlief weiter. Ich aber war schon voll beim Planen, stand auf, schlüpfte in meinen Jogginganzug, sammelte das Werkzeug zusammen. Kaum hatte der Baumarkt geöffnet, erstand ich eine Teichschale plus Filter und Pflanzen, sämtliches Zubehör für einen kleinen Wasserfall sowie zwei Kois – Podolski und Klose. So schnell war noch kein Mann zu einem Teich gekommen.

Komplizierter wurde es, als ich mir einen Pool in den Kopf gesetzt hatte und mit Schaufel und Schubkarre im Garten herumhantierte. Stefan bekam irgendwann Mitleid und organisierte Bagger, Helfer und Lkw. Wer den Erdhaufen vor unserem Haus und die Menge an abtransportierenden Lkw gesehen hätte, der hätte sich ausrechnen können, wie viele Jahrzehnte ich gebuddelt hätte. Stilgerecht erwarb ich zu einem Schnäppchenpreis einen uralten Olivenbaum, der direkt am Pool stehen sollte.

Als dieser mithilfe eines Krans auf einer Palette angeliefert wurde, verfärbte sich das Gesicht meines Mannes und nahm einen alarmierenden Rotton an. Dieses tonnenschwere Teil passte zu allem Überfluss nicht mal durch die Eingangstür, durch die man in unseren Garten hinterm Haus gelangte. Was wir allerdings erst wirklich realisierten, als der Kranwagen, der ihn wieder hätte mitnehmen können, bereits über alle Berge war. Wir mussten die Haustür ausbauen, Wände aufstemmen – und ich bekam ein sofortiges Verbot erteilt, was den Kauf von Pflanzen und eigentlich allem betraf.

Aber so war und so bin ich nun mal – wenn mir eine Idee kommt, liegt mir nichts ferner, als sie zu hinterfragen, geschweige denn, auch nur eine Nacht drüber zu schlafen.

Stefan akzeptierte mich mit all meinen Macken, und das muss ich ihm hoch anrechnen. Im Lauf der Zeit hatten wir uns zusammengerauft und führten eine tolle Beziehung. Und es war ja auch nicht so, dass er von meiner Spontaneität nicht profitiert hätte. Dann nämlich, als er vorschlug, mit der stolzen Barschaft von siebenunddreißig Euro eine Spedition zu gründen.

Eine Spedition?

Lkw und ich?

Autofahren ist eine meiner Leidenschaften. Ohne einen fahrbaren Untersatz zu leben, wäre schwer vorstellbar für mich. Wie sollte ich mit den Eulen, Ingo, der Kameraausrüstung und jeder Menge Vorräte je ans Ziel kommen? Aus dem Inhalt meines Autos könnte ein durchschnittlich großer Mensch vier Wochen überleben. Außerdem kann ich hinter dem Steuer meiner Musik- und Singleidenschaft nachkommen, ohne meine Mitmenschen zu traumatisieren.

Ich fahre und fahre und denke über alles Mögliche nach. Über Menschen, die ich getroffen habe. Ich frage mich, wie sie wohl leben. Was sie denken. Ob sie glücklich sind. Manchmal träume ich beim Fahren auch vor mich hin und merke viel zu spät, dass ich längst am Ziel vorbei bin.

Aber den Riesen war ich immer aus dem Weg gegangen.

Andererseits, was sollte schon passieren?

»Gut«, sagte ich. »Machen wir eine Spedition auf.«

Als Erstes exportierten wir einen Lkw von Deutschland nach Antwerpen und steckten unser Geld und noch ein bisschen Geliehenes in den Sprit. Mit dem verdienten Geld exportierten wir zwei Lkw, dann vier. Wir ackerten wirklich hart.

Anfangs fuhr ich den Begleit-Pkw und lernte während des Fahrens. Da konnte ich pausenlos vor mich hinplappern und war dennoch konzentriert beim Fahren. Der Lkw-Führerschein und die Fachkundeprüfung für den Güterkraftverkehrsunternehmer standen an. Die Durchfallquote war hoch, also strengte ich mich an und schaffte es.

In den ersten Jahren mussten wir wirklich viel arbeiten. Es gab keinerlei Freizeit, keine Ferien, keine Wochenenden. Die Nächte waren kurz, wir fuhren meist um halb drei Uhr morgens los.

Nach einiger Zeit hatten wir eigene Lkw und konnten Fahrer einstellen. Ich bemühte mich, meinen Fahrern eine gute Chefin zu sein, kochte für sie, half ihnen, wo immer ich konnte, und übernahm ihre Versicherung. Die Arbeitsbedingungen waren oft sehr hart, aber meine Fahrer ließen mich nie hängen.

Was die Kunden anging, hatte ich durchaus so meine Probleme. Ich wurde ins kalte Wasser geworfen und kannte mich mit der Branche und ihren Gepflogenheiten nicht aus. Einmal besuchte ich einen Großkunden. Der ganze Raum war voller Männer, die Wasserpfeife rauchten und auf Arabisch durcheinanderredeten. Ich gesellte mich zu ihnen und streckte fröhlich jedem Einzelnen die Hand hin. Im Raum wurde es mucksmäuschenstill. Irgendwas lief seltsam, aber ich konnte mir nicht erklären, was ich falsch gemacht haben sollte. Vielleicht waren sie ja einfach nur höflich oder verstanden die Sprache nicht gut.

Erst Jahre später erzählte mir einer der Kunden, man könne unmöglich als Frau in einen Raum voller arabischer Männer treten und jedem auch noch die Hand geben. Sie seien alle völlig schockiert gewesen.

Nicht nur im Umgang mit unseren internationalen Kunden hatte ich so meine Schwierigkeiten. Auch das Fahren selbst barg seine Tücken. Obwohl ich die Prüfung auf Anhieb bestanden hatte, kann ich mit Fug und Recht behaupten, dass ich der schlechteste Lkw-Fahrer war, den es überhaupt gab.

Einparken mit Auflieger, ach, du Schreck!

Aber Not macht erfinderisch. Wenn ich im Hafengelände irgendwo einparken musste, stellte ich den Lkw mitten auf der Straße ab, sprang aus dem Fahrerhaus und rief den umstehenden Fahrern zu: »Kann mir jemand von euch schnell den Lkw einparken? Der blockiert sonst alles. Ich muss soooo dringend Pipi.«

Dann raste ich hinter eine Hecke und verfolgte von dort aus das weitere Geschehen. Es fand sich immer jemand, der für mich einparkte. Kaum stand der Lkw sauber in der Lücke, kam ich hinter der Hecke hervor. Und bedankte mich nett. »Das war sooo dringend, sorry.«

Die Fahrer reagierten verständnisvoll, es geht schließlich nichts darüber, einer Frau in Nöten zu helfen.

Während jener Zeit redeten die Kollegen immer wieder davon, dass es hohe Geldstrafen gab, wenn man wegen Benzinmangels auf dem Großen Ring Antwerpen liegenblieb. Irgendwie verständlich, denn wirkungsvoller kann man den ohnehin zäh fließenden Verkehr auf der Stadtautobahn um Antwerpen wohl kaum schachmatt setzen, und das auch noch wegen einer vermeidbaren Dummheit.

Es ist immer so eine Sache, den Ring zu befahren, mit seinen vielen Fahrspuren, den tückischen Wagen, die sich rechts und links einfädeln, Pkw, Lkw, Busse und dann auch noch die ganzen Motorräder … Man muss sich dort immer besonders konzentrieren, vor allem, wenn man mit einem dicken Laster unterwegs und nicht der geborene Fahrer ist.

An einem Tag goss es wie aus Eimern, was die Fahrt nicht gerade angenehmer machte.

Und was passierte? Mein Lkw ruckelte verdächtig. Ich sah auf den Tacho und stellte kurzfristig die Atmung ein. Ungefähr so lange, bis ich kurz darauf liegenblieb.

Leerer Tank auf dem Großen Ring Antwerpen.

Ich stellte die Warnblinkanlage an, zog die Warnweste über und stellte das Warndreieck auf. Selten entsprach der Begriff »strömender Regen« mehr der Realität. Tapfer holte ich den Ersatzkanister, kippte die Kabine, entlüftete – und sah im nächsten Moment ein Fahrzeug, das sich näherte. Es war die belgische Polizei.

Die Polizisten hielten neben mir, kurbelten die Fenster herunter, starrten mich an und riefen dann so etwas wie: »Everything okay?«

Ich nickte enthusiastisch und rief in meinem besten Englisch: *»I am as good as gone …«*

Die Polizisten winkten mir lauthals lachend zu und fuhren davon.

Verblüfft starrte ich ihnen hinterher. Zu meiner großen Erleichterung bekam ich den Lkw kurze Zeit später wieder in Gang und fuhr weiter.

Im Hafen warteten schon mein Mann und die Fahrer auf mich, und ich erzählte ihnen von dem Zwischenfall.

Als mein Blick schließlich in den Spiegel fiel, wurde mir so einiges klar. Die Haare klebten mir am Kopf, die Hose war so schwer vor Nässe, dass sie zwei Etagen tiefer hing, und was mein Gesicht betraf, ließ sich schlecht sagen, was Wagenschmiere war und was Schminke. Ich muss wohl einen so erbärmlichen Anblick geboten haben, dass die Polizei Hals über Kopf davonfuhr.

Ganz zu Anfang mussten wir öfter die Hunde mit auf unsere Touren nehmen. Später beschlossen wir, im Garten einen Hundezwinger für sie zu bauen, und ließen uns einen richtig schönen großen Doppelzwinger mit klasse Hütten liefern.

Als alles aufgebaut war, luden wir die Hunde zur Besichtigung ein. Ich machte Bockwürstchen. Für uns mit Senf, für die Hunde ohne.

Wir aßen zusammen Würstchen im Zwinger, und dann waren die Hunde schleunigst wieder draußen, tobten im Garten umher, und wir saßen allein drinnen.

Später wurde der Zwinger zu Innenhäusern für die Greifvogelvolieren umgebaut. Aber davon ahnte ich zu dem Zeitpunkt noch nichts.

Ich war immer ein Mensch, der in der Gegenwart lebt. Die Vergangenheit wollte ich in vielen Bereichen und aus ebenso vielen Gründen hinter mir lassen. Doch wovon ich Stefan selbstverständlich erzählte, war meine Oma.

Seit wir die Spedition aufgemacht hatten und ohne einen Tag Pause arbeiteten, hatte ich meine Oma nicht mehr besuchen können. Viele Jahre lang sah ich sie nicht, aber wir telefonierten jeden Tag. Punkt vierzehn Uhr rief sie mich an. Ihre erste Frage lautete stets: »Was gibt's Neues, Tani?«

Ich versuchte ihr zu erklären, dass schließlich sie es war, die anrief, und fragte, ob sie nicht auch mal ein paar Neuigkeiten für mich hätte. Aber damit kam ich bei ihr nicht weiter. Spätestens am nächsten Tag lautete die Frage wieder: »Was gibt's Neues, Tani?«

Wenn es Neuigkeiten gab, bekam Oma Oberwasser. Dann wollte sie auch immer schnell auflegen, denn offenbar wartete schon eine ganze Runde neugieriger Senioren auf ihren Bericht.

Dazu muss ich sagen, dass meine Großmutter die Theatralik liebte. Vielleicht hätte sie zur Bühne gehen sollen, ins dramatische Fach.

Ein Beispiel: Als ich erfuhr, dass die zweite Frau meines Vaters gestorben war, erzählte ich es Oma.

»Weisch des gwieees?«, fragte sie mich, wie immer, wenn ich ihrer Neugierde ersehnte Nahrung bot.

Ich bejahte.

Um den Tod der Frau rankten sich binnen Kurzem die wildesten Gerüchte. Eines besagte sogar, sie habe sich in die Luft gesprengt.

Manchmal aber inszenierte auch Oma selbst ein kleines Drama. Eines Morgens rief sie an, war völlig aufgelöst und fing mitten im Gespräch an zu weinen.

»Oma, was ist denn los?«, fragte ich besorgt.

Mit tonloser Stimme meinte sie: »Sei stark jetzt. Deine Mutter ist sehr krank. Sie wird vielleicht im Rollstuhl landen. Sie wird nie wieder laufen können. Nix.«

»Wie denn das?«

Diese Wendung des Schicksals kam schon etwas plötzlich. Meine Mutter hatte wieder geheiratet, es ging ihr prächtig. Sie und ihr Mann reisten viel und verbrachten ihre Zeit gerade irgendwo auf dem Globus. Sie hatte mir erst tags zuvor geschrieben, sie habe einen Tennisarm und könne im Moment nicht Golf spielen. Ich erzählte Oma davon.

Meine Oma schluchzte noch immer, bis meine Worte zu ihr durchdrangen.

»Tennisarm??? Weisch des gwieeees?«

»Logo.«

»Na wie? Aber damit kommt man doch nicht gleich in einen Rollstuhl! Wie hab ich mich denn nur so täuschen können?«

Ich murmelte ein leises »Tjaaaa« und schmunzelte in mich hinein. So war meine Oma.

Meine Mutter hatte immer erzählt, Oma mache ihr Stress und Vorwürfe, doch was mich betraf, konnte ich das nie bestätigen.

Mir gegenüber war meine Großmutter immer sanftmütig. Egal, was ich mal wieder verbockt hatte – und das war hochgerechnet eine ganze Menge –, es kam nie ein böses Wort über ihre Lippen. Wenn ich ihr von meinen Missgeschicken und Fehlentscheidungen am Telefon erzählte, atmete sie immer nur hörbar aus, und ich sagte: »Jaja, ich weiß. Das war nicht so schlau von mir.«

Und dann lachte sie. Jedes einzelne Mal.

Auch heute noch höre ich ihre Stimme und warte auf ihren Anruf, der nie mehr kommen wird.

Schließlich zog sie ins Altersheim. Zwar wollte sie auf keinen Fall dorthin, aber es half nichts. Der Vermieter der Wohnung in Stuttgart-Möhringen war immer massiver geworden. An den alten Menschen, die schon zig Jahre dort lebten, verdiente er bei Weitem nicht so viel, wie er von neuen Mietern allein schon wegen der Nähe zum neuen Musicaltheater verlangen konnte.

Stefan war es, der meinte, wir sollten sie im Altersheim besuchen. Das taten wir dann auch.

Seit ich mich erinnern konnte, sah meine Oma immer gleich aus. Die gleiche Frisur, die etwas fülligere Figur, dieselbe Brille, dieselbe Kleidung und der immer gleiche Geruch nach weicher Haut und Gummimieder.

Über all die Jahre hatte ich täglich ihre Stimme gehört, die sich kein bisschen verändert hatte. Und so war ich gar nicht auf den Gedanken gekommen, dass sie sich verändert haben könnte.

Stefan und ich trafen im Altersheim ein. Meine Oma war sehr stolz, dass sie die Handarbeitsgruppe leitete. Als wir den Aufenthaltsraum betraten, sahen wir einige alte Frauen, die mit Stricken und Häkeln beschäftigt waren. Plötzlich winkte eine von ihnen und rief: »Tani!«

Ich erschrak. Meine Großmutter saß im Rollstuhl, das Gesicht blass, fast weiß, hager, die Wangen eingefallen. Vom Äußeren her hätte ich sie nicht erkannt. Aber ihre Stimme war noch dieselbe.

Wir gingen zusammen essen und brachten sie dann zurück. Ich schämte mich dafür, dass ich gar nicht in Erwägung gezogen hatte, meine Oma könne gealtert sein.

Es war das letzte Mal, dass ich sie sah.

Bald darauf kam sie in ein Pflegeheim, konnte kaum noch sehen, nicht mehr aufstehen. Auch erinnerte sie sich an fast nichts mehr. Sie war fest überzeugt, jeden Tag eine Postkarte von mir zu bekommen, und freute sich immer wieder aufs Neue.

Bis sie eines Morgens nicht mehr aufwachte.

Kapitel 7

Ziny & Ingo

Eine eigene Firma kostet Kraft. So viel Spaß wir auch hatten, fühlte ich mich doch immer ausgelaugter. Ich war in einer Männerdomäne gelandet. Zwar wurde ich von den Spediteuren akzeptiert, aber ich bin nun mal keine Geschäftsfrau, und die Kunden merkten schnell, dass ich einfach nicht hart bleiben konnte, was Preisverhandlungen und Sondertouren anging, wenn sie ein bisschen jammerten. Viel schwerer aber wog, dass mein Leben mit den Tieren wie von einem starken Wind immer weiter davongeblasen wurde. Die Zeit mit ihnen beschränkte sich auf das Nötigste. Beim Spazierengehen waren der Kommunikator und das Telefon dabei, ständig saßen mir Termine im Nacken. Nur in den wenigen Stunden nachts blieb etwas Zeit zum Kuscheln. Alle Hunde schliefen mit im Bett.

Um mehr für die Tiere da zu sein, arbeitete ich irgendwann nur noch vom Büro im Haus aus.

Wobei »nur« bedeutete, dass ich von früh bis spät am Schreibtisch saß, nachts noch die Papiere für die Fahrer fertig machte und Rechnungen schrieb. Das ging zunehmend an die Substanz.

Ich beschloss, mir die Zeit zu nehmen und wieder Hundesport zu machen.

Am 9.9. 2009 um 9.09 wurde Ziny geboren. Damals hatte ich Kontakt zu einem belgischen Züchter, der einen Wurf Malinois hatte. Ich bestellte mir einen Rüden, fuhr hin, als die Welpen zwei Wochen alt waren, und suchte mir einen aus. Dabei fiel mir eine kleine dunkle Hündin auf, mit kleinen Ohren, die mich ständig ansah.

»Die ist aber süß«, sagte ich zu dem Züchter, aber er erinnerte mich daran, dass ich mich ja schon für einen Rüden entschieden hatte.

Zwei Wochen später fuhr ich aufs Neue vorbei, um den Rüden zu sehen, und war begeistert von ihm. Auf dem Weg zum Gartenauslauf kam die kleine dunkle Hündin wieder auf mich zu, wedelte mit dem Schwänzchen und ließ mich nicht aus den Augen. Erneut sprach ich den Züchter auf sie an. Da erzählte er mir, er habe beschlossen, sie zu behalten. Sechs Wochen später war es so weit, ich durfte den Rüden abholen. Doch am Morgen rief mich der Züchter an, etwas Schlimmes war passiert: Ein Marder war in der Nacht zuvor in das Welpengehege eingedrungen und hatte meinen kleinen Rüden getötet. Der Züchter bot mir an, einen anderen Rüden auszusuchen. Kaum war ich dort, wuselte die kleine Hündin um mich herum. Sie gefiel mir so sehr, dass ich den Züchter löcherte, bis er ins Gehege hinausging, sie packte und mir auf den Schoß setzte.

Wenn ich von Ziny etwas lernte, dann, dass man mit Beharrlichkeit ans Ziel gelangt.

Ziny und Doris, die Hündin aus meiner ersten Züchtung, verstanden sich auf Anhieb. Allerdings brachte Doris der kleinen Ziny jede Menge Unfug bei.

Im Nachbarhaus wohnte eine Frau, die Katzen anfütterte. Die draußen herumstehenden Näpfe mit Katzenfutter weckten auch bei den Igeln reges Interesse.

Doris wusste, dass sie keine Igel jagen sollte. Das hielt sie allerdings nicht davon ab, mit Ziny eines Abends die Igel aufzuspüren. Kaum war ich bei den beiden im Garten, sah ich, dass sie einen Igel gefangen hatten und verspeisen wollten.

Bald darauf hatten Ziny und Doris eine heftige Magen-Darm-Erkrankung. Ich fuhr sofort zum Tierarzt; um Doris machte ich mir weniger Sorgen, doch Ziny ging es zusehends schlechter. Beide bekamen Medikamente, aber Ziny konnte tags darauf nicht mehr aufstehen. Ich war nur noch am Heulen. Sie bekam Infusionen, und der Tierarzt meinte, er habe wenig Hoffnung. Da erinnerte ich mich an einen Artikel, den ich über salmonellenverseuchte Igel gelesen hatte. Ich rief beim Tierarzt an, der hielt es zwar für unwahrscheinlich, aber er machte einen Test. Dabei stellte sich heraus, dass sich beide Hunde tatsächlich mit Salmonellen infiziert hatten.

Zum Glück konnten wir Ziny retten. In der ersten Zeit nach ihrer Salmonellenerkrankung war sie noch anfällig, doch sie war schon damals ein Traumhund, intelligent und umgänglich. Auch der Sport mit ihr machte unglaublich viel Spaß.

Mit eineinhalb Jahren ließ ich sie röntgen, und der Arzt stellte eine leichte Hüftdysplasie fest. Als Nächstes bekam sie eine Hirnhautentzündung, und ich stellte den Sport ein.

Von Anfang an hatte sie ein umgängliches, liebes Wesen. Ein typischer Familienhund, der einen nicht aus den Augen lässt und dankbar für jedes Streicheln und jede Beschäftigung ist.

Zu unserem Freundeskreis zählten auch Züchter in Tschechien. Eines Tages, im Sommer 2012, gaben sie uns Bescheid, dass sie zwei Würfe Malinois hätten und meinem Mann einen Rüden schenken wollten. Eigentlich wollten wir zu der Zeit keinen weiteren Hund, aber ein solches Freundschaftsgeschenk abzulehnen ging gar nicht, also sagten wir zu.

Ich schrieb einem guten Freund in Dresden eine Nachricht und fragte, ob er vielleicht auch eins der Tiere aus dem Wurf nehmen wolle.

Er lehnte ab, weil er überzeugt war, dass er keinen Welpen haben sollte, das sei ein Omen.

Unser Freund hatte nämlich bereits einen Welpen gehabt. Damals ging er mit seinen Kindern und dem Hund im Stadtpark spazieren. Zwei Leute verwickelten ihn in ein Gespräch, und er merkte nicht, wie deren Komplizen den Welpen heimlich ableinten und stahlen.

Eine große Suchaktion wurde gestartet. Sogar in den Medien wurde davon berichtet, aber der Welpe blieb verschwunden. Um den Verlust zu verschmerzen, holte sich unser Freund irgendwann einen neuen Welpen und nannte ihn Kimmi.

Nicht lange danach erhielt ich eine Nachricht: Kimmi war weg.

Ein Reh war aufgesprungen, der Rottweiler unseres Freundes war losgerannt und Kimmi natürlich hinterher. Der Rottweiler war bald darauf zurückgekommen, der Welpe aber blieb verschwunden.

Wir setzten buchstäblich alles in Bewegung. Vor Ort wurde überall gesucht. Ich rief bei sämtlichen Tierärzten, Tierheimen, der Polizei und der Autobahnmeisterei, den Jägern und sogar bei der Bahn an. Mir war mulmig zumute, als man überprüfte, welche Tiere in den nunmehr drei Nächten, die seit Kimmis Verschwinden vergangen waren, auf der Strecke überfahren worden waren. Kein Hund war dabei. Sosehr wir uns auch bemühten, es nutzte alles nichts. Kimmi blieb wie vom Erdboden verschwunden, und es gab keinen einzigen Hinweis auf ihn.

Da war es wieder, das Omen, meinte unser Freund. Er war fest überzeugt, dass er einfach keinen Welpen haben sollte.

Ich sagte ihm, das sei völliger Quatsch, es gebe kein Omen. Er solle besser auf mich hören und einen Welpen nehmen, da werde er schon sehen, dass es ein Blödsinn sei, an so etwas zu glauben.

Irgendwann konnte ich ihn überreden, er willigte ein, und einen Tag später schmiedeten wir voller Begeisterung Reisepläne.

Unser Freund, seine Lebensgefährtin, Stefan und ich verbrachten zwei lustige Tage in Tschechien. Es waren zwei Würfe Welpen, der sogenannte F- und der E-Wurf. Ich überredete meinen Exmann, einen kleinen Rüden aus dem E-Wurf zu nehmen. Dabei sah ich ihm an, dass er mit meiner Wahl nicht ganz so glücklich war, aber er vertraute mir, da ich ja schon jahrelang Malinois hatte.

Der von mir ausgesuchte Welpe hieß Eskobar de Alphaville Bohemia und war ein kleiner Eigenbrötler. Wir nannten ihn Ingo. Er war nicht übermäßig hübsch und spielte pausenlos mit einem kleinen Ball. Und doch fesselte mich etwas an ihm.

Die Welpen aus dem F-Wurf waren kerniger und bildhübsch. Unser Freund entschied sich für einen tollen Welpen namens Fokker de Alphaville Bohemia. Am nächsten Tag sollte die Zuchtwartin kommen, doch sie war krank geworden und verschob den Termin um einen Tag.

Das brachte unsere Reisepläne durcheinander. Unsere Freunde hatten nämlich baldmöglichst aufbrechen wollen. Sie hatten einen Urlaub an der Ostsee geplant, den sie der Kinder wegen schlecht absagen konnten. Kurzerhand beschlossen wir, dass die beiden fahren sollten. Wir würden ihnen Fokker auf dem Heimweg vorbeibringen.

So hielten wir es dann auch und traten die lange Rückreise mit Ingo und Fokker im Auto an. In Dresden aßen wir gemeinsam zu Abend, unser Freund ist ein prima Koch. Am nächsten

Morgen hieß es Abschied nehmen von Fokker, dann fuhren wir mit Ingo Richtung Düsseldorf.

Wir waren gerade zu Hause angekommen, als ich eine Nachricht erhielt: Der kleine Fokker sei irgendwie schlapp und wolle nicht fressen.

Ich meinte, das sei vielleicht nichts Ungewöhnliches, weil er ja jetzt ganz allein sei. Also riet ich, erst mal eine Stunde abzuwarten.

Bald darauf schrieb der Freund, Fokker erbreche das Wasser, das er getrunken habe.

Ich riet ihm, sicherheitshalber zum Tierarzt zu fahren. Was der Kleine wohl hatte?, fragte ich mich. Ich sah nach Ingo, der völlig unbeeindruckt von der Trennung und der neuen Umgebung wirkte und ordentlich Blödsinn machte.

Zwei Stunden später war Fokkers Zustand unverändert, er lag beim Tierarzt am Tropf.

Unser Freund war sehr verzweifelt, weil sie tags darauf in den Urlaub fahren wollten. Er war bereit, ihn abzusagen, aber das hätte seinen Kindern vermutlich nicht gefallen. Also setzten wir uns ins Auto und rasten zurück Richtung Dresden, um Fokker abzuholen.

»Ich fahre mit dem Kleinen hier in die Tierklinik, und wenn ihr vom Urlaub zurückkommt, kriegt ihr in tadellos wieder«, versprach ich.

Unser Freund meinte, er vertraue mir voll und ganz. Normalerweise hätte er dem Ganzen niemals zugestimmt und wäre stattdessen zu Hause geblieben, aber er wisse einfach, dass nun alles gut werde.

Ich übernahm Fokker und brachte ihn ins Auto. Auf der Fahrt in der Klinik lag er gut zugedeckt auf dem Beifahrersitz neben mir. Ich hatte die rechte Hand unter sein Köpfchen gelegt, das er ab und zu kurz hob. Dankbar und voller Vertrauen sah er mich aus seinen braunen Augen an.

Die Ärztin in der Klinik brauchte nur ein paar Minuten für die Diagnose. Darmverschluss.

»Wie müssen sofort operieren«, meinte sie.

Fokker war sehr schwach.

Ich übergab ihn der Ärztin und setzte mich müde und aufgewühlt ins Wartezimmer.

Nach einer gefühlten Ewigkeit kam die Ärztin zu mir und meinte, alles sei gut verlaufen, er werde es schaffen.

»Fahren Sie nach Hause, und schlafen Sie ein paar Stunden. Dann können Sie wiederkommen und nach Fokker sehen. Solange Sie keinen Anruf von uns bekommen, ist alles in Ordnung.«

Ich nickte. Inzwischen war es vier Uhr morgens. Ich schrieb unseren Freunden eine Nachricht, dass Fokker die OP überstanden habe und alles gut werde.

Gott sei Dank, tausend Dank, bekam ich als Antwort zurück. Jetzt konnten sie beruhigt in den Urlaub fahren.

Völlig fertig fiel ich ins Bett, aber richtig schlafen konnte ich nicht.

Immer wieder sah ich Fokkers braune Augen und drehte mich rastlos im Bett von der einen auf die anderen Seite. Irgendwann stand ich auf, ging auf die Terrasse und setzte mich mit einem frischen Kaffee an den Tisch neben unserem Pool. Dort sah ich den Hunden beim Spielen zu. Vielleicht könnte ich Fokker später herholen, hier würde er sich bestimmt wohlfühlen und alle Pflege bekommen, die er sich nur wünschen konnte.

Ich wurde jäh aus meinen Gedanken gerissen, als die Funkstation vom Telefon klingelte.

Ich sah aufs Display. Die Nummer der Klinik! Für den Bruchteil einer Sekunde war ich wie versteinert. Im Schock ging ich ran, ich wusste im Grunde, was kam, und nahm die Worte nur wie durch einen Schleier wahr.

Am anderen Ende der Leitung rief eine Frau: »Hier ist die Klinik, was sollen wir machen?«

Die Schreie im Hintergrund waren schrecklich. Es war Fokker, es ging ihm sehr schlecht.

»Was sollen wir tun?«, rief die Frau erneut. »Alle Organe versagen der Reihe nach, er hat keine Chance mehr.«

Ich sagte ganz ruhig: »Schläfern Sie ihn bitte ein, ich komme.«

»Sollen wir ihn am Leben erhalten, bis Sie da sind?«, fragte die Frau.

»Besteht denn überhaupt eine Chance, noch irgendetwas für ihn zu tun?

Sie sagte Nein.

»Sofort einschläfern«, bat ich. »So schnell wie möglich.« Fokker sollte keine Sekunde länger leiden müssen.

Ich schlüpfte in meine Jacke. Vorher schrieb ich eine Nachricht an unseren Freund.

Die schlimmste Nachricht, die ich je geschrieben habe. Zwei Sekunden später kam die Antwort: *Danke.*

Wären Vorwürfe gekommen oder Fragen, irgendetwas ... Aber dieses Danke schnürte mir die Kehle zu.

Das Omen – er hatte recht.

Heulend raste ich über die Autobahn und holte Fokker ab. Eine leblose, kleine braunschwarze Gestalt, welche die Sprechstundenhilfe einfach auf den Tisch legte. Vor lauter Tränen bekam ich die Blicke der Leute im Wartezimmer nicht mit und meinte nur: »Geben Sie mir bitte eine Decke für Fokker.«

Die Sprechstundenhilfe sagte: »Sie müssen gleich bezahlen. Eine Decke ist da leider nicht dabei.«

»Ich bezahle gleich, und die Decke können Sie sich sparen«,

sagte ich, zog meine Jacke aus und wickelte den Kleinen darin ein. Ich hielt ihn ganz fest im Arm.

Im Auto legte ich ihn wie auf der Hinfahrt neben mich auf den Beifahrersitz und konnte nicht aufhören zu weinen. Eine ganze Weile blieb ich auf dem Parkplatz stehen, weil ich durch den Tränenschleier hindurch die Straße kaum erkannte. Aus Fokkers Nasenlöchern trat gelber Schaum. Ich wischte ihn mit dem Jackenärmel weg und wusste nicht, wie ich jemals nach Hause kommen sollte.

Irgendwie schaffte ich es schließlich. Wir begruben Fokker im Garten.

Kurze Zeit später klingelte das Telefon, es waren die Züchter aus Tschechien. Sie hatten eigentlich Hochzeitstag, aber sie hatten kaum ein Auge zugetan, als sie von Fokkers Zustand erfahren hatten.

Ich erzählte kurz, was passiert war und was wir unternommen hatten, und sie meinten: »Ihr seid genauso verrückt wie wir, oder? Wann können wir uns in Berlin treffen?«

So fuhr ich in den Hundeladen, um Welpensachen zu kaufen. Die Züchter fuhren zum Chippen.

Auf Umwegen bekam ich die Adresse des Ferienhauses an der Ostsee heraus, in dem unsere Freunde untergekommen waren. Ganz früh am nächsten Morgen fand die Übergabe des Welpen statt, den unsere Freunde als zweite Wahl auserkoren hatten. Aus dem E-Wurf.

Alle weinten. Es war Ingos Bruder, der das Omen durchbrach. Seither kam bei unserem Freund nie wieder ein Welpe zu Schaden oder ging verloren.

Ingo machte es mir schwer, einen Zugang zu ihm zu finden. Überhaupt fühlte ich mich nicht gut. Ich saß auf der Terrasse, hatte Anfälle von Atemnot und versuchte panisch Luft zu bekommen. Die Attacken legten sich wieder, doch es fiel mir nach wie vor schwer, Luft zu bekommen.

Dann kamen die Kopfschmerzen.

Ich hatte schon mal ein Jahr lang heftige Migräne gehabt, ich kannte starken Kopfschmerz und fand es schrecklich, wie er mein Leben einschränkte.

Einmal war ich mit den Hunden unterwegs und hatte solch einen Schwindel, dass ich hinfiel und für eine Weile nichts mehr mitbekam.

Einige Zeit darauf wachte ich morgens auf und war nicht in der Lage aufzustehen.

Ich fühlte mich, als hätte ich Fieber. Eine Körperhälfte gehorchte mir nicht mehr, sie war taub.

Ich massierte mit dem intakten Arm die taube Seite, doch ich spürte nichts und bekam Panik. Ich versuchte zu sprechen, brachte aber kein Wort heraus.

Das war das Schlimmste. Ich dachte immer: Ein Wort musst du doch sagen können. Ich öffnete den Mund, aber es kam einfach nichts.

Noch Stunden später fühlte ich mich fremd in meinem Körper, ich konnte mich teils nicht erinnern, sprechen ging nicht wirklich, und viele Bewegungsmuster funktionierten nicht.

Schließlich ging ich ins Krankenhaus. Allein.

Das ist eine schreckliche Phobie von mir, ich mache mein Leben lang alles Unangenehme konsequent allein und kann niemanden dabeihaben. Ärzte, Verhandlungen – bei allem, was mir Angst bereitet, will ich ganz und gar allein sein.

Ich weiß nicht mal, warum das so ist.

Im Krankenhaus wurde ich an alle möglichen Geräte angeschlossen und in die Röhre geschoben.

Die Ärztin meinte schließlich, es sei ein Schlaganfall gewesen. Sie warnte mich, weil es viel schlimmer hätte kommen können und ich mit weiteren großen Schlaganfällen rechnen müsse.

Ich hatte Angst.

Dann war meine Geduld gefragt.

Es dauerte Wochen, bis ich mich besser bewegen konnte. Ich lag viel und kämpfte mich durch. Jeder Tag war mühsam, weil ich etliches vergaß. Ich konnte nicht länger per Hand schreiben, es ging einfach nicht. Der Stift fühlte sich an, als wöge er sieben Kilo. Ich versuchte, meine Hand mit der anderen abzustützen, das half, aber meine Schrift blieb unleserlich.

Manchmal konnte ich einigermaßen sprechen, dann wieder kam kein Ton heraus. Das bereitete mir Panik.

Ich wusste nicht, was mit mir werden sollte. Eines war mir jedoch völlig klar: Etwas in meinem Leben musste sich ändern. *Ich* musste etwas ändern.

Ich hatte ein wenig Geld, das mein Vater mir unfreiwillig vererbt hatte. Damit konnte ich eine Weile über die Runden kommen. So beschloss ich, erst einmal nur noch mit den Tieren zu leben und meinen Traum von der kleinen Farm wieder aufleben zu lassen.

Kapitel 8

NEUBEGINN

Nach meinem Schlaganfall saß ich stundenlang mit den Hunden im Wald, ging über die Wiesen und genoss die Einsamkeit, die Stille. Wir beobachteten andere Tiere, entdeckten Greifvögel hoch über uns, standen vor einem Dachsbau, sahen den Rehen beim Spielen zu. Ich musste nicht reden. Was gut war, denn noch immer kam manchmal kein Wort aus meinem Mund heraus.

Einiges hatte ich verloren: Erinnerungen, die Fähigkeit, fließend mit der Hand zu schreiben. Anderes gewann ich hinzu: mit den Tieren zu reden, ohne Worte zu gebrauchen. Die Leidenschaft des Fotografierens. Die Falknerei.

Manche Schicksalsschläge haben die Kraft, einen hin zu sich selbst zu katapultieren.

Vor allem liebte ich es, die Hunde zu fotografieren. Sie waren mir so nahe in dieser Zeit. Ich wollte ihren Charakter auf den Bildern festhalten, ihre Schönheit, ihre Lebendigkeit. Die Stimmungen. Anfangs knipste ich Bilder mit meinem Handy, aber so wirklich zufriedenstellend war das nicht.

Stefan zog los und kaufte mir eine Kameraausrüstung. Ich war aufgeregt und hätte am liebsten gleich losgelegt, aber ein »gleich« bei Männern, das versuch mal …

An dem Abend war in der Firma so viel los, dass wir irgendwann todmüde ins Bett gingen. Kurz bevor wir einschliefen, fiel uns ein, dass die Kamera im Auto auf dem Stellplatz vor dem Haus lag. Keiner von uns hatte die Kraft, noch einmal aufzustehen. Was soll's, hier ist noch nie etwas geklaut worden, sagten wir uns.

Bis zu dieser Nacht.

Als wir am nächsten Morgen aufstanden, war das Auto aufgebrochen worden, und die Diebe hatten die teure, noch originalverpackte Ausrüstung gestohlen.

Ich war völlig aufgelöst und musste heulen. Mein Exmann aber fuhr los und kaufte mir die gleiche Ausrüstung einfach noch mal. Der Fotoverkäufer guckte dumm aus der Wäsche, das hatte er noch nie erlebt.

Ich war überglücklich und dachte mir, das Fotografieren könne doch nicht allzu schwer sein. Weit gefehlt! Frauen lesen ja grundsätzlich keine Bedienungsanleitungen, zumindest ich nicht. Das erste Hindernis waren diese verschiedenen Modi, S, M, A und P. S musste logischerweise »Sport« heißen, M »manuell«, dann gab es noch A wie »Automatik« und P wie »Panik«.

Da ich sowieso schnelle Hunde hatte, entschied ich mich für S, zog sofort los und tobte mit den Hunden auf der Wiese. Völlig verschwitzt, aber unheimlich stolz und hochzufrieden kehrte ich eine Stunde später zurück, mit dem sicheren Gefühl, lässige dreihundert Bilder in Top-Qualität von den Hunden gemacht zu haben. Es gab kein einziges, das scharf war. Mir wurde klar, ich musste Workshops besuchen und vor allem üben, üben, üben.

In der folgenden Zeit ging ich jede freie Minute mit den Hunden in die Natur und knipste, was das Zeug hielt. Irgendwann lernte ich, was S, M, A und P wirklich bedeuten. Ich war stolz auf meine Bilder, auch wenn sie eigentlich nicht so dolle waren. Das erkannten alle außer mir. Selig überschwemmte ich meinen Facebook-Feed mit Bildern von den Hunden. Vielen Bildern. Wirklich vielen! Etliche Bekannte blockierten mich, weil ihnen meine ständigen Fotos auf die Nerven gingen.

Überhaupt hatte mein näheres Umfeld wenig Verständnis für mein neues Hobby. Stefan war bald völlig genervt. Ständig musste er Bilder gucken, die nur ich toll fand. Natürlich sah ich meine Tiere und die Bilder durch die rosarote Brille und nicht durch den Kamerasucher.

Aber ich gab nicht auf.

Und während ich mit den Hunden durch die Gegend streifte, kehrte meine Beweglichkeit zurück, und ich gewann wieder an Kraft und Kontrolle über meinen Körper.

Eines Morgens wollte ich mit meiner Hündin Else, einer Halbschwester von Ingo, in aller Frühe am Elbsee laufen gehen. Es war noch nicht mal richtig hell, als wir losfuhren. Im Winter war der See zugefroren gewesen, doch nun taute das Eis, und in den Nachrichten kam die Meldung, man solle unbedingt auf die Hunde aufpassen, wenn man sich dem See nähere. Ich dachte so bei mir, wer denn bitte schön so dumm war, seinen Hund auf einen zugefrorenen See zu lassen.

Vom Parkplatz aus führte ein Weg zum See und weiter an dessen Ufer entlang. Es war neblig, kalt und irgendwie gespenstisch. Niemand außer uns war bei dem ungemütlichen Wetter unterwegs. Nur ein paar Kaninchen hoppelten umher und verschwanden unter den Hecken. Ich atmete tief die frische Morgenluft ein, während wir oberhalb des Wassers entlangliefen. Ich blickte auf den See. Er war gar nicht mehr zugefroren. Die Oberfläche kräuselte sich sacht, Dunst lag darüber.

Ich leinte Else ab, weil ich beruhigt war, dass kein Eis mehr zu sehen war. Wir liefen weiter am See entlang, die Bewegung tat mir gut. Ich hing meinen Gedanken nach, sah mich immer wieder zu Else um. An diesem Morgen waren kaum andere Tiere zu sehen.

Am Ende des Sees ging es durch einen kleinen Wald, und der Weg beschrieb eine Biegung, bis man an das hintere Ufer des Sees gelangte. Ich trat aus dem kleinen Wäldchen auf die weite Wiese, die zum See hin abfiel.

Else fing an, wie verrückt große Kreise zu rennen. Manchmal hat sie so ihre wilden fünf Minuten.

Der nächste Kreis ging mit Karacho in Richtung Seeufer. Ich dachte mir noch: Grrr, wenn du bei der Kälte einen nassen Bauch kriegst, bist du selbst schuld … Dabei fiel mein Blick aufs Wasser. Da sah ich das Eis! Genau an dieser Stelle hatte sich eine dicke Schicht gehalten, die sich in den See hinein erstreckte. Ich setzte zu einem lauten Schrei an, aber meine Hündin war schon auf dem Eis. Ich brüllte regelrecht los, aber aufgrund ihrer Geschwindigkeit war sie schon ein ganzes Stück Richtung Seemitte gekommen. Sie wollte stoppen, schlitterte ein Stück weiter, und ich hörte es krachen. Im nächsten Moment war sie unter Wasser.

Panik stieg in mir auf. Ich schrie und schrie immer wieder. Sie tauchte auf und versuchte, auf das Eis zu gelangen, das immer wieder unter ihr wegbrach.

»Komm, du schaffst es! Loooos!«, schrie ich.

Sie versuchte es wieder und wieder. Doch sie war chancenlos. Ich drehte mich in alle Richtungen, aber weit und breit war niemand zu sehen. Meine Gedanken liefen Amok. Die Feuerwehr? Ich sollte die Feuerwehr rufen! Aber wie um alles in der Welt sollte sie hierher ans hintere Ende des Sees kommen? Das würde viel zu lange dauern!

In dem Moment rutschte Else bei einem weiteren Versuch, eine Scholle zu erklimmen, ab und geriet unter das Eis. Sie hatte einfach keine Kraft mehr.

Mir blieb das Herz stehen.

Ich schleuderte meinen Kamerarucksack zu Boden und raste aufs Eis. Ich rannte so lange, bis es brach. Das Wasser war eiskalt, mir blieb die Luft weg. Wo das Wasser meine Haut traf, wurde sie taub. Mit meinen Trekkingstiefeln und der dicken Jacke wurde ich nach unten gezogen, meine Kleidung wurde mit jeder Sekunde schwerer. Ich kämpfte mich zu meiner Hündin durch und erwischte sie am Nacken. Mit aller Kraft versuchte ich, mit ihr ans Ufer zurückzukehren, aber die Eisschicht war zu fest, als dass ich mir einen Weg hätte bahnen können.

Das Gewicht meiner Kleidung zog mich immer weiter nach unten. Ich wollte Else nicht aufs Eis schieben, denn ich befürchtete, dass sie gleich wieder versuchen würde, zu mir zu gelangen. Mit ihr zusammen schaffte ich es aber nicht, mich aufs Eis zu ziehen. Also blieb nur der Weg nach rechts, an den Teil des Seeufers, an dem das Eis bereits geschmolzen war. Keine Ahnung, wie wir es schafften, aber nach zähen Minuten erreichten wir endlich das rettende Ufer.

Ich war völlig fertig und zitterte. Meine Hündin aber zittere noch viel heftiger. Ich zog die klatschnasse Jacke und den ebenso nassen Pulli aus, dann das T-Shirt darunter und rubbelte sie damit wie verrückt ab, damit das Blut zirkulierte.

Dann schlüpfte ich wieder in Jacke und Pulli, wickelte Else in das T-Shirt, und wir liefen durch das Waldstück zurück zu meinem Rucksack, in dem immerhin meine ganze Kameraausrüstung, mein Geldbeutel, EC-Karte, Handy und Schlüssel steckten.

Es war noch immer keiner außer uns unterwegs. Bis zum Parkplatz war es eine ziemliche Strecke. Schlotternd gingen wir los, meine nassen Schuhe machten bei jedem Schritt quatschende Geräusche. Den Rucksack hielt ich in einiger Entfernung von mir weg, da ich Angst hatte, dass sich die Nässe meiner Jacke durch den Stoff des Rucksacks drücken und meine Kamera ruinieren könnte. Nach einer gefühlten Ewigkeit erreichten wir das Auto.

Ich zog Else das Hemd vom Körper, wickelte sie in die Hundedecke und legte sie in die Box.

Sie schlief sofort ein. Ich war mir nicht sicher, ob ihr Kreislauf die Strapazen aushielt, und erneut überfiel mich die Panik.

Ich ließ den Motor an und drehte die Heizung auf allerhöchste Stufe. Das Gebläse dröhnte los.

Hinten im Auto hatte ich noch ein paar Plastiktüten. Jedes meiner Autos ist ein wahres Inhaltswunder. Die Tüten legte ich geistesgegenwärtig auf meinen Sitz, und schon fuhren wir nach Hause. Trotz der Heizung schlotterte ich wie verrückt und klapperte mit den Zähnen.

Zu Hause angekommen, nahm ich Else aus der Box, trug sie hinein und rannte ins Bad. Dort wickelte ich sie in ein dickes Handtuch und föhnte sie warm. Mit der freien Hand wand ich mich aus meinen nassen Sachen und hüllte mich ebenfalls in ein Handtuch.

Danach legten wir uns ins Bett, krochen unter die warme Bettdecke und schlotterten um die Wette. Irgendwann schliefen wir ein.

Am nächsten Tag wachte ich mit einer Riesenerkältung auf. Else aber war topfit.

Während ich darüber nachsann, wie ich mein Leben ändern sollte, kamen mir immer wieder die Greifvögel in den Sinn. Schon immer hatten Greife eine enorme Faszination auf mich ausgeübt. Wenn sie am Himmel in der Thermik schwebten oder über den Feldern rüttelten, blieb ich ehrfürchtig stehen. Wenn sie von den Zaunpfosten aus jagten oder unbeweglich dort saßen, als ruhten sie sich aus, während ihre feinen Sinne aufs Äußerste gespannt waren. Die Kraft und Anmut, aber auch die Kompromisslosigkeit ihres Wesens zogen mich in ihren Bann. Ebenso groß wie meine Bewunderung war mein Respekt. Und meine Neugier. Ich fragte mich, wie es wäre, mit ihnen zusammenzuleben, zu arbeiten, ein Team zu werden.

Ich hatte einige Falknereien besucht und Flugshows gesehen, viel gelesen, Dokumentationen angeschaut. Und manche Träume müssen eben Wirklichkeit werden. Anfang 2013 fasste ich den Entschluss, den Falknerschein zu machen.

Um diesen zu erlangen, benötigt man erst mal einen Jagdschein. Ich steckte mir ein wirklich enges Zeitfenster. Nach bestandener Jägerprüfung sollte es am folgenden Montag ins Saarland zum zehntägigen Kurs mit anschließender Prüfung für den Falknerschein gehen.

Bald merkte ich, dass mir wegen meiner Krankheit das Lernen alles andere als leichtfiel, und dementsprechend schwer war diese Zeit für mich. Dennoch bestand ich die Jagdprüfung mit Biegen und Brechen und fuhr völlig übermüdet am Montag in aller Frühe los in Richtung Saarland.

Ich war völlig ausgelaugt, und meine Selbstzweifel wurden mit jedem Kilometer größer. Würde ich es schaffen? Noch mal zehn Tage lernen? Das ganze Wissen in mich hineinstopfen, die vielen Fakten, die Theorie … Greifvogelkunde, Haltung, Pflege und Schutz der Tiere, die Beizjagd in allen Einzelheiten und dann auch noch die Gesetze … Mir brummte schon jetzt der Schädel. In mir stieg eine große Unsicherheit auf, die sich langsam zu einer gelinden Panik entwickelte.

Ich musste irgendwo vor Trier sein, die Sonne ging leuchtend rot auf, und die Panik produzierte einen solchen Kloß in meinem Hals, dass ich beschloss, an der Kreuzung ein Stück voraus zu wenden und zurückzufahren.

Du brauchst das nicht, dachte ich und wurde ruhiger. Ich fuhr auf die Kreuzung zu und musste anhalten. Rechts erhob sich ein großes Waldstück mit hohen Kiefern, die Stämme verfärbten sich im Licht der aufsteigenden Sonne leuchtend orangefarben. Aus den Augenwinkeln nahm ich eine Bewegung wahr und blickte nach rechts. Auf dem Zaunpfosten, kaum fünf Meter neben mir, saß ein riesiger Habicht und sah mich aus seinen roten Augen eindringlich an, bevor er abhob und im Wald verschwand. In diesem Moment war für mich klar: Du musst fahren. Umdrehen kommt nicht infrage.

Wie schon gesagt, glaube ich nicht an Omen und auch nicht an bestimmte Seelentiere. Weil jedes Tier in meiner Seele ist und alle, mit denen ich zusammenlebe oder zusammengelebt habe, ganz tief drinnen sind. Doch Habichte scheinen immer wieder an Scheidewegen in meinem Leben aufzutauchen.

Eine ähnliche Situation hatte ich übrigens Jahre später, als mich der Lübbe Verlag zu einer Besprechung einlud. Es ging darum, ob der Verlag mein erstes Buch herausbringen würde. Ich war ein nervliches Wrack, so aufgeregt war ich, und ausgerechnet an dem Morgen bildete sich auf der A1 vor Köln ein Stau. Ich war frühzeitig losgefahren, aus Angst, zu spät zu kommen, und dann das. Ich war ziemlich verzweifelt, mein Magen machte sich bemerkbar, doch es ging weiterhin nur im Schritttempo vorwärts.

Ich werde nie ankommen, dachte ich panisch. Wieder eine Chance vertan.

Plötzlich sah ich rechts auf dem Pfosten eines Wasserbassins eine vertraute Gestalt. Ein Habicht blickte mich unverwandt an. Ich atmete tief durch, wurde ruhiger und wusste, es würde klappen.

Die Zeit in der Falknerschule war heftig, der Lehrer sehr streng, und wir mussten von morgens bis spät in die Nacht hinein lernen. Aber ich erwarb den Falknerschein und begegnete vielen tollen Leuten. Mit einigen habe ich heute noch Kontakt.

Im Falknerkurs lernt man aber lediglich die Theorie. Die praktische Erfahrung ist viel wichtiger.

Wüstenbussard Elli war mein erster eigener Greifvogel. Meine Freundin Carola aus Remscheid, die mit ihrem Mann eine Falknerei führt, schenkte sie mir.

Elli hasste alles. Autos, Hunde, Menschen und vor allem Männer.

Es war wirklich schlimm mit ihr, wenn sie einen Mann sah. Zum Glück war Stefan in jener Anfangszeit viel unterwegs. Die ersten Tage ging ich mit ihr in den Wald. Sie schrie das Auto an, sie schrie mich an, sie schrie die Bäume an. Ich setzte mich auf einen Baumstamm und sang.

Ich kann überhaupt nicht singen, kein bisschen. Die Töne klingen schräg und falsch. Dennoch schien sich Elli zu beruhigen. Und irgendwann knurrte sie. Bei Wüstenbussarden ist Knurren ein Ausdruck der Zufriedenheit.

Selbst später noch, als sie sich an mich gewöhnt hatte, konnte ich sie mit genau diesem Lied beruhigen. Es durften halt keine Leute in der Nähe sein, die hätten mich sicher für verrückt erklärt. Wenn sie es nicht sowieso schon taten.

Im Nachhinein betrachtet, war es eine glückliche Fügung, dass ich Elli hatte. Sie war kompliziert, sie forderte mich heraus, und so durfte ich von ihr eine Menge über Greife lernen. Ihr Vertrauen zu gewinnen war nicht einfach, und ihr alle schwierigen Eigenarten abzugewöhnen brachte mich an meine Grenzen.

Anfangs saß ich also den halben Tag mit ihr neben dem Auto, vor der geöffneten Bussard-Autobox, und redete mit Engelszungen auf sie ein. Ab und an sang ich ein bisschen. Ich hörte mich an wie eine Bekloppte.

»Elli Auto«, sagte ich immer wieder ganz ruhig und musste

auf mein Gesicht und die Hände aufpassen, denn sie quittierte alles direkt.

Stieg Elli ein, gab es etwas Tolles als Leckerchen. So übten wir tagelang einsteigen, aussteigen, sitzen bleiben. Wie beim Hund musste auch Elli erst etwas tun, um auch etwas zu bekommen. Ich wollte sie nicht locken. Und es funktionierte prima.

Blieb nur das Problem mit Männern. Das bekam ich einfach nicht aus ihr raus. Als sie meinen Mann angriff, wurde die Luft zu Hause immer dicker.

Ich stimmte zu, dass Elli zu einer Freundin kam. Die wollte versuchen, Ellis Verhalten über Klickertraining umzuleiten. Beim Klickertrainung wird das Tier auf das Geräusch des Klickers konditioniert, indem es eine Verhaltensweise erlernt, eine Belohnung erhält und man gleichzeitig klickt. Im nächsten Schritt wird zuerst geklickt, dann zeigt das Tier die geübte Verhaltensweise, und es gibt eine Belohnung.

Nach wenigen Wochen lag Elli eines Morgens tot in der Voliere. Niemand konnte sich erklären, woran sie gestorben war.

Je mehr ich über Greifvögel lernte, desto mehr tat sich ihre ganz eigene Welt für mich auf. Das Wesen der Vögel erfasste ich vor allem intuitiv, im Beisammensein, indem ich sie beobachtete. Immer schwang ein Quäntchen Unberechenbarkeit mit, das Wilde, das sie sich bewahrt hatten. Und dann diese Reaktionsschnelligkeit, die überlegenen Sinne. Lange bevor wir Menschen eine Maus bemerken, nehmen die Greife sie wahr, hören und sehen sie, stechen ins Feld.

Und natürlich ist die Jagd eine Angelegenheit von Leben und Tod. Das Schlagen der Beute eines Greifs bedeutet den

Tod eines anderen Tiers. Im Bruchteil einer Sekunde endet ein Leben, damit das andere, stärkere Tier überleben kann. Das ist das Gesetz der Natur, es ist nicht barmherzig den unterlegenen Tieren gegenüber. Doch ein Greif nimmt sich nur das, was er zum Überleben braucht, er tötet nicht aus Vergnügen oder um seine Beute achtlos liegen zu lassen.

Falkner werden zu ganz unterschiedlichen Anlässen hinzugezogen. Seit ich meine Eulen habe, veranstalte ich immer wieder kostenlose Eulentage für Kinder, um ihnen deren Wesen näherzubringen. Artenschutz beginnt mit Wissen, mit Faszination und Respekt für ein Tier, und auch dem mancherorts immer noch herrschenden Aberglauben kann man so am besten begegnen. Ganz besonders aber hoffe ich, die Liebe der Kinder zu Eulen zu wecken.

Auch bei Taubenplagen und an Flughäfen sind Falkner gefragt, um Vogelschwärme zu vertreiben.

Meine Freundin Carola und ich wurden einmal von einer Firma gerufen, die empfindliche OP-Geräte herstellte. Dort gab es ein großes Taubenproblem. Wenn Greifvögel am Himmel patrouillieren, vergrämt das die Tauben. Sie lernen, dass dies kein guter Ort ist, um Nester zu bauen. Nichts anderes erleben sie in der Natur sonst auch.

Wir fuhren mit zwei Wüstenbussarden los, mit Ready und Pille. Letzterer hieß so, weil Carolas Vater, als sie klein war, immer »Pillepillepille« rief und sie dann angelaufen kam.

Beim Bäcker neben der Firma holten wir uns erst mal zwei große Cappuccini, ließen die Bussarde in den Bäumen vor dem Gebäude und gingen durch die Hallen der Firma.

Viele Arbeiter standen an den Maschinen, es stank grässlich, die Luft war zum Schneiden. Der Lärm war ohrenbetäubend, die Mitarbeiter trugen Kopfhörer als Schallschutz.

Wir kletterten eine Rundleiter hinauf aufs Flachdach des Gebäudes, setzten uns mit unserem Cappuccino dort hin und riefen die Bussarde.

Als die Greife bei uns auf dem Dach landeten, ging die Sonne auf. Wir blickten über die ganze Stadt, dann brachen wir gleichzeitig das Schweigen und meinten: »Wollten wir je was anderes?«

Wir hatten keinen geregelten Job und kein geregeltes Einkommen, auch keinen Urlaub, wie die Arbeiter unter uns in der Werkshalle, aber dafür hatten wir etwas, das uns tief in uns drinnen glücklich machte.

Ein Ereignis wird mir immer im Gedächtnis bleiben. Peter, der auch ein Falkner gewesen war und darüber hinaus ein guter Bekannter, war plötzlich gestorben. Zu seiner Beerdigung kamen viele Falkner mit ihren Vögeln. Einige von uns, so auch ich, vergruben den Kopf im Vogelgefieder, um uns zu trösten. Es war ein beeindruckendes Bild.

Einer der Greife war in der Kirche sehr unruhig, sodass der Pfarrer schließlich eine entsprechende Bemerkung machte und den Falkner bat, mit seinem Vogel hinauszugehen. Der Falkner meinte nur, Peter hätte genau das sicher nicht gewollt. Er hätte niemals einen Vogel hinausgeschickt.

Später standen wir um das Grab herum. Jeder warf eine Greifvogelfeder auf den Sarg, auf dass Peter mit seinen verstorbenen Greifen im Himmel fliegen könne … Genau das wünsche ich mir für meine eigene Beerdigung.

Doch bevor es so weit ist, gibt es noch eine Menge zu erleben. Dafür sorgen allein schon meine Tiere.

Über die vergangenen Jahre hat sich eine ganze Clique zu mir gesellt. Ich habe endlich das Fotografieren gelernt, sodass meine Freunde mich nicht länger blockieren müssen. Es gibt sogar Leute, die inzwischen meine Fotos teilen. Einige der Bilder haben begehrte Preise gewonnen, ich wurde auf die Photokina eingeladen. Wir haben die Tücken von Livesendungen kennengelernt, Ingo hat den roten Studioteppich angenagt, meine Weißgesichtseule Gandalf ist vor laufender Kamera eingeschlafen. Ich habe auf meiner Webseite einen Blog begonnen, in dem ich von all den Verrücktheiten unseres Zusammenlebens erzähle. Die ganz großen Katastrophen sind ausgeblieben, alle Moderatoren und Kameramänner haben noch sämtliche Finger, obwohl sie mitunter ziemlich sorglos mit Ingo und den Eulen umgingen.

Oft staune ich darüber, wie sich mein Leben entwickelt hat.

All das verblasst jedoch vor dem Gefühl, das mich umfängt, wenn ich mit meinen Tieren in der Natur bin und einfach nur sein kann. Das pure Leben genießen kann. Nicht auszudenken, was ich alles verpasst hätte, wenn ich den Schlaganfall nicht überlebt hätte!

Leicht war es nicht, und das Leben bleibt fragil, unstrukturiert, chaotisch – so wie ich eben nun mal bin. Doch es birgt jede Menge Freude in sich.

TEIL II

MEINE TIERE, MEIN LEBEN

»Die Menschen haben diese Wahrheit vergessen«, sagte der Fuchs. »Aber du darfst sie nicht vergessen. Du bist für das verantwortlich, was du dir vertraut gemacht hast.«

Antoine de Saint-Exupéry, *Der kleine Prinz*

KAPITEL 9

DIE SPRACHE DER TIERE

Schon in meiner Kindheit spürte ich eine enge Verbindung zu Tieren, besonders zu großen Hunden. Über Jahre hinweg waren sie meine treuesten Begleiter, Freunde und Beschützer und sind es heute mehr denn je. In meinem Elternhaus hatte ich wenig Gelegenheiten, mich als liebenswerten Menschen wahrzunehmen, an mich selbst zu glauben und Beziehungen zu vertrauen. Dennoch sind Tiere für mich kein Ersatz, sondern eigenständige Wesen – ich liebe Menschen, lache gern und viel mit ihnen, helfe, wo ich nur kann. Auch vermenschliche ich die Tiere nicht, sondern sehe sie so, wie sie sind, mit all ihren arttypischen und individuellen Eigenschaften, ihrer Wildheit und ihrer Liebenswürdigkeit.

Tiere sind authentisch, sie verstellen sich nicht. Wenn du weinst und traurig bist, wird ein Tier das spüren. Es nimmt dich nicht in die Arme, aber es versteht dich auf seine Art. Auf eine sehr ehrliche Art.

Um Tieren wirklich zu begegnen, ist es wichtig, ihre Sprache zu verstehen. Zum einen ist es ratsam, sich Wissen über die jeweilige Art anzueignen. Am meisten lerne ich über das jeweilige Tier, indem ich es in seinem Verhalten beobachte und seine Aktionen und Reaktionen wahrnehme. Dabei bleibe ich offen für Überraschungen, für Untypisches, Individuelles. Meine

Schnee-Eule Uschi zum Beispiel kann Schnee, ihr natürliches Habitat, nicht leiden, und mein Steinkauz Poldi verabscheut Mäuse – beides Eigenheiten, die mir entgangen wären, hätte ich sie nicht als Individuen wahrgenommen.

Ziehe ich eine Eule groß, übernehme ich eine Rolle, indem ich sie füttere. Wir machen uns miteinander vertraut, sie muss spüren, dass sie sich auf mich verlassen kann.

Eulen und Greifvögel gehen eine enge Bindung mit ihrem Menschen ein, aber sie sind niemals Befehlsempfänger. Ich versuche ihnen das Gefühl zu geben, selbst entscheiden zu können. Dabei darf ich sie auch immer mal wieder herausfordern. Genau wie Menschen lieben es auch Tiere, über sich hinauszuwachsen, es stärkt sie. Ganz schlecht wäre es, sie in unsicheren Momenten und Phasen oder mit ihren Ängsten alleinzulassen, damit kommen sie nur schwer klar. Keiner kommt im Grunde damit klar.

Die Sprache der Menschen bringt viele Missverständnisse mit sich, die der Tiere ist ehrlich, eindeutig. Vielleicht habe ich in meiner Kindheit nicht genug Rüstzeug mitbekommen, um die Menschen ebenso gut zu verstehen wie die Tiere. Ich habe überhaupt kein Selbstbewusstsein, es wurde mir einfach nicht vermittelt. Nie hatte ich das Gefühl, etwas richtig zu machen oder gut zu können. Wenn ich mit meinen Tieren zusammen bin, fällt all das von mir ab. Mit ihren Reaktionen zeigen sie mir sofort, wenn ich ihre Signale nicht verstehe, dann weiß ich, woran ich bin. Und sie sind nicht nachtragend.

Genau so habe ich meine Eulen wirklich kennengelernt. Eulen sind sehr gemütlich und entscheiden erst einmal selbst, ob es sich lohnt, Energien zu verschwenden. Bist du zu hektisch in Gegenwart einer Eule, wird sie nicht zu dir kommen.

Fasst du eine Eule falsch an, wird sie dir mit den Fängen eine verpassen. Und das durchaus blutig. Kein Problem, denn

Tanja, Phönix und Ingo

Bärbel

Tanja und Bärbel

Gandalf und Ingo

Lusi

Gandalf

Rüdi

Phönix

Lusi und Ingo

Tanja und Poldi

Meghan, ein Geschwisterchen der Royals

Poldi

Gandalf und Kurt

Tanja, Lenni und Gandalf

Lusi

Uschi und Tanja

Ingo, Poldi und Tanja

Gandalf und Tanja

Rüdi

Ingo

Gandalf

Tanja und Bärbel

Poldi

Lenni

Poldi und Finchen

dann wirst du dich das nächste Mal anders verhalten. Bis du herausgefunden hast, wie es richtig ist.

Ich habe viele Hundebisse, auch tiefere, die nicht nur Zwicker waren. Ich habe Greifvögel versorgt, die mich täglich angegriffen haben. Einmal wurden nach einer Eulenattacke zwei meiner Finger schwarz.

Aber diese unverblümten Reaktionen liebe ich. Nicht, weil ich masochistisch veranlagt wäre, sondern weil dies zur Sprache der Tiere dazugehört. Sie reagieren authentisch, aus dem jeweiligen Moment heraus. Und sie quittieren jeden Fehler sofort. Das haben Eulen uns Menschen voraus, und damit können Ingo und ich so gut umgehen. Der Mensch hat oft eine viel schwierigere Sprache, sagt etwas durch die Blume, versteckt sich hinter leeren Worten oder ist schlichtweg falsch. Manchmal schwingen Untertöne mit, die der andere nicht hundertprozentig versteht, sodass der Austausch nicht echt ist. Menschen können schwer durchschaubar sein, nicht ehrlich, hinterhältig.

Hüpft eine Eule freudig herum und plappert, quietscht und kreischt, freut sie sich riesig. Wedelt ein Hund wie verrückt mit dem Schwanz und drückt seine Freude aus, dann freut auch er sich riesig. Strahlt dich ein Mensch an und sagt: »Ich freue mich so, dich zu sehen«, dann freut er sich entweder riesig, oder er lügt. Erfahrungen, die ich oft nicht einschätzen kann.

Mit meinen Tieren kann ich mich auseinandersetzen, auch mal streiten, aber immer auf unmittelbare, respektvolle Art. All das fällt mir mit Menschen weitaus schwerer. Tiere kennen keine Falschheit, sie ziehen nicht hinter deinem Rücken über dich her oder missbrauchen dein Vertrauen.

Dennoch sehe ich in allen Menschen, denen ich begegne, erst einmal das Positive. Ich versuche jedem zu helfen und gebe eigentlich mein letztes Hemd. Ich verschenke sehr viel, es macht mir große Freude, zu sehen oder zu hören, wenn andere sich freuen und glücklich sind. Das war schon immer so.

Die größte Freude bereitet es mir aber, wenn Tiere sich freuen. Oder wenn wir uns begegnen, wenn sie mich still beobachten, und ich beobachte sie ebenso still. Wenn wir irgendwo in der Natur zusammensitzen … Dann fällt alles von mir ab. Alles Negative, alle Gedanken, Sorgen und aller Stress.

Eulen verfügen über innerliche Ruhe. Sie kennen keine Hektik, keinen Stress und keine Uhr.

Wenn sie unsere Hektik spüren, schauen sie durch uns hindurch und drehen erhaben den Kopf zur Seite. Mit nichts können wir sie aus ihrer Ruhe und Erhabenheit holen. Eulen sind wild und stolz.

Eulen sollten wie jedes Lebewesen mit Respekt behandelt werden. Viele Menschen wünschen sich, respektiert zu werden. Eulen verlangen es! Sonst gehen sie keine Bindung ein.

Ingo und ich sind uns im Umgang mit den Eulen sehr ähnlich. Er kommt mit ihnen so gut klar, weil er ihre Sprache genau versteht. Eigentlich geht er immer sehr sanft und fürsorglich mit ihnen um. Macht er jedoch einen Fehler, indem er auch mal hektisch ist oder zu schnell ihren Weg kreuzt, kriegt er eine verpasst. Dann weiß er, er muss es das nächste Mal besser machen. Keiner ist nachtragend, gemein, hinterhältig, weder die Eulen noch Ingo. Er nimmt niemals einer Eule ihre Reaktionen krumm, sondern weiß, er war eben etwas zu stürmisch und wird sie nächstes Mal im Voraus besser lesen.

Wenn Uschi ihm auf den Rücken fliegt und mit den Flügeln rüttelt, als wollte sie ihn schütteln, dann weiß er genau, sie würde ihn nie ernsthaft verletzen; es ist nur eine Reaktion ihrerseits, denn er hat etwas falsch gemacht – oder die kleine Diva hat wieder mal schlechte Laune.

Jedes meiner Tiere hat seinen ganz eigenen Charakter, und wie Menschen verändern und entwickeln sie sich im Lauf ihres Lebens. Es ist wichtig, sie immer wieder neu zu sehen und sich ihrer Entwicklung bewusst zu werden. So wie Poldi vom kleinen Draufgänger zum aufopferungsvollen Steinkauz-Vater geworden ist.

Ich liebe sie für ihr Wesen, ihre Einzigartigkeit und ihre Eigenarten. Wenn ich in Büchern oder sozialen Netzwerken von meinen Tieren erzähle, gebrauche ich die Sprache der Menschen. Natürlich ziehe ich Parallelen, erfinde Storys, interpretiere etwas in die Blicke und Posen hinein und verniedliche auch mal. Doch in Wahrheit ist es mir am wichtigsten, ihnen die wilden Anteile zu lassen, die sie sich bewahrt haben, und eine Ebene zu finden, auf der wir uns begegnen können.

Wir bilden eine ganz eigene Clique: Ingo, mein bester Freund, Phönix, mein Schlau-Bussard, Poldi und Finchen, die unermüdlichen Steinkauz-Eltern, Gandalf, meine miesepetrige Weißgesichtseule, die divenhafte Schnee-Eule Uschi, der freche Raufußkauz Lenni, der inzwischen leider gestorben ist, der Habichtskauz Rüdiger, noch immer ein kleiner Kindskopf, und Lusi-Lu, die vorwitzige Schleiereule. Und ich mittendrin, der chaotische Waldschrat, wie ich mich selbst oft nenne. Uns verbinden gemeinsame Erlebnisse voll magischer und skurriler Momente, wir lernen voneinander und erleben so viel Schönes und Echtes, das mich jeden Tag meines Lebens mit unbändiger Freude erfüllt. Und was die Liebe angeht, ist sie sowieso universell und kann jedes Lebewesen mit einschließen …

Natürlich sind uns auch schon viele Pannen passiert, weil wir mal wieder nichts mitbekommen haben von der Welt ringsum, aber dazu mehr an anderer Stelle. Wir erleben Tag für Tag neue Abenteuer, haben uns schon oft verlaufen und, wie das häufig so ist, auf unseren Umwegen viel Schönes, Unerwartetes entdeckt.

Gerade wenn ich Tiere fotografiere, ist es wichtig, sie und ihre Eigenarten genau zu kennen. Auch hierbei gilt, dass meine Tiere niemals Befehlsempfänger sind. Insofern plane ich Fotos nicht, sondern mache sie von der Stimmung des jeweiligen Tiers abhängig. Das erfordert Ruhe, Geduld und hin und wieder auch die Gunst des Zufalls. Manchmal habe ich Foto-Ideen, während die Tiere ganz andere haben. Zum Beispiel sehe ich eine Location, einen Ast oder eine Pflanze und denke, das gäbe ein tolles Foto, wenn Gandalf dort säße. Natürlich setze ich ihn nicht einfach dort ab, das würde ihm gar nicht gefallen. Ich zeige ihm die Stelle und erwähne, dass dies die beste der ganzen Umgebung ist, nehme ihn ein Stück zurück, ohne dass er den Blick von der Stelle abwendet, und lasse ihn dann genau dorthin fliegen.

Sobald er landet, ist er unglaublich stolz, dass er allein die beste Stelle gefunden hat, und ich lobe ihn dafür, als hätte er den Strom erfunden.

Meine Tiere haben gelernt, dass ihnen nie etwas passiert, wenn ich dabei bin. Sie wissen, dass ich sie vor allen Gefahren beschützen würde, und fühlen sich sicher. Ein einziges Mal in all den Jahren lief jedoch beinahe etwas schief. Wir waren draußen, die Sonne ging bereits unter. Gandalf saß auf einem Bäumchen und genoss die Abendsonne. Eine Kundin war mit dabei, wir machten ein paar Fotos. In einiger Entfernung sah ich die Silhouette eines Vogels, ich war mir sicher, es war der Turmfalke, der wie so oft auf seinem Pfosten saß. Die zierlichen Falken sind keine Gefahr für Gandalf, und wenn ich in der Nähe bin, schon gar nicht. Einen Atemzug später war der Turmfalke dann auch verschwunden. Ich bückte mich, um meine Kamera aufzuheben, richtete mich wieder auf – und sah mich im selben Moment Auge in Auge mit einem Sperber! Er hatte die Fänge im Flug ausgefahren und musste sehr hungrig sein, dass er sich uns näherte. Wir blickten einander in die Augen, und er drehte im Bruchteil einer Sekunde ab.

Ich war kurz vor einem Herzinfarkt. Der Einzige, der von all dem nicht das Geringste mitbekommen hatte, war Gandalf. Er ließ sich die Sonne auf den Bauch scheinen und ahnte nicht einmal, dass er fast in den Fängen eines Sperbers gelandet wäre. Seitdem muss Ingo immer in der Nähe von Gandalf bleiben.

Viele meiner Tierfotografien ergeben sich aus spontanen Situationen. Wir sitzen irgendwo auf einer Wiese oder im Wald. Plötzlich ist ein Bussard am Himmel, und Gandalf oder Poldi schlüpfen zu Ingo, ihrem Beschützer. Ich robbe dann langsam mit meiner Kamera nach hinten und fotografiere.

In anderen Situationen sind die Tiere müde und kuscheln sich aneinander. Oder sie sind einfach so entspannt und vertraut miteinander, dass sie das deutlich zeigen. Ich beobachte sie einfach und fotografiere.

Ingo sorgt oft für Photobombs, weil er ständig mit im Bild sein will. Dabei bietet er alle möglichen Posen an. Natürlich kann ich zu ihm sagen: »Geh mal ein bisschen zurück!«, oder: »Nimm den Kopf tiefer!«, denn er versteht alles. Bei einer Eule ist das unmöglich, die macht nur, was sie will. Und das gilt es zu respektieren.

Manchmal behelfe ich mich mit Tricks. Wenn ich möchte, dass die Tiere in eine bestimmte Richtung schauen, werfe ich winzige Steinchen, und sie gucken instinktiv dorthin, woher das leise Geräusch kam.

Viele Tierfotografen verwenden Geräusche-Apps. Aber bei einer Eule? Das wird nicht funktionieren. Meine Eulen würden höchstens beim ersten Mal nach einem solchen Geräusch schauen und dann gelangweilt den Kopf in die andere Richtung drehen.

Ob wir nun Fotos machen oder einfach zusammen sind: Meist ist es wirklich so, dass ich nichts um uns herum mitbekomme, außer es handelt sich um eine Bedrohung für die Tiere. Es ist, als wären wir auf einem anderen Planeten. Wir beobachten die Tiere im Wald, hören den Wind, die Blätter rauschen, die Vögel … Meine Tiere, mein Leben.

Kapitel 10

Phönix

Phönix kam zu einer Zeit in mein Leben, als sich leise Veränderungen ankündigten. Mein Mann und ich hatten uns auseinandergelebt. Stefan hatte seinen Jagdschein gemacht und interessierte sich für nichts anderes mehr, er war Tag und Nacht in seinem Jagdrevier im Hunsrück unterwegs. Ich hingegen beschäftigte mich intensiv mit meinen Tieren, fotografierte und machte nachts meine Bildbearbeitungen. So ging jeder seiner Wege, und keiner von uns hatte die Energie, diesen schleichenden Prozess der Entfremdung aufzuhalten.

Wüstenbussarde gehören zu den Greifvögeln und der Familie der Habichtartigen. Ihr Bestand gilt derzeit als nicht gefährdet, aber sie stehen unter dem Schutz des Washingtoner Artenschutzabkommens. Anders als der Name sagt, beschränkt sich ihr natürlicher Lebensraum nicht nur auf Wüsten und Halbwüsten; die ursprünglich in Amerika beheimateten Tiere sind auch in Steppen, Grasland und Sumpfgebieten zu Hause. Es existieren drei Unterarten der Wüstenbussarde, die sich in der Zeichnung des Federkleids unterscheiden. Phönix'

Gefieder ist dunkelbraun, an den Schultern und Beinen rötlich, die Unterseite der Schwanzfedern ist heller. Die Sicht aus ihren braunen, seitlich am Kopf sitzenden Augen ist siebenmal so scharf wie die des Menschen. Mit dem gebogenen, zur Spitze hin dunkelgrauen Schnabel können Wüstenbussarde neben Nagetieren und Eidechsen auch Schlangen erlegen. Die Weiber sind, anders als bei den meisten Arten der Tierwelt, größer als die Terzel; ihre Körperlänge beträgt bis zu sechzig Zentimeter und die Flügelspannweite bis zu einem Meter zwanzig, die der Terzel jeweils rund zehn Prozent weniger. Das Gewicht ausgewachsener Weiber liegt über einem Kilogramm, das der Terzel ist deutlich geringer. Anders als die meisten anderen Greifvogelarten leben und jagen die Wüstenbussarde in kleinen Familienverbänden, die von einem dominanten Weib angeführt werden. Die soziale Lebensweise mag ein Grund dafür sein, warum sie sich an den Menschen binden können.

Im Mai 2014 kaufte ich Phönix zusammen mit ihrem Bruder Troll bei einem Züchter; ein befreundeter Falkner begleitete mich. In der Voliere im Garten baute ich einen Horst aus Tannenzweigen und zog die beiden Wilden groß. Es war ein wahres Erlebnis, ihnen beim Aufwachsen zuzusehen. Spielerisch übten sie alles, was sie fürs Leben brauchten: fliegen, streiten, kuscheln, jagen, Beute schlagen. In der Voliere lag ein kleiner Teppich, der für Letzteres herhalten musste. Immer abwechselnd packten sie ihn und schlugen ihn auf den Boden. Sobald ich in die Voliere kam, jagten die beiden mich. Sie flogen auf meine Schulter und meinen Kopf, zogen an meinen Haaren und meiner Unterlippe oder knabberten an meiner Kleidung.

Ich konnte stundenlang bei ihnen sitzen und sie beobachten. Troll war liebenswert und lustig, Phönix damals eher ernst und manchmal auch etwas mürrisch. Der befreundete Falkner holte Troll irgendwann ab, wir ließen die beiden noch eine Weile zusammen fliegen. Als sie größer wurden, blieb Troll vom Charakter her der liebenswerte Clown und Phönix die Zicke. Leider starb Troll bald darauf. Ingo und ich wurden zu Phönix' sozialem Verband.

Phönix' Intelligenz ist faszinierend; sie zeigt sich in ihren schnellen Reaktionen auf die Kommandos, die ich ihr gebe, in der Schläue, die sie an den Tag legt, und in dem durchdringenden Blick aus ihren braunen Augen. Sie kann auf Kommando aufs Objektiv fliegen und weiß, dass sie nicht zoomen darf – vielleicht ist sie aber auch einfach nur derart mit Festhalten beschäftigt, dass sie sowieso nicht dazu in der Lage wäre. Natürlich hat sie auch ein gewisses Gewicht. Die Kamera, ein größeres Objektiv und Phönix kommen zusammen auf beinahe fünfeinhalb Kilo. Doch ich liebe die großen Objektive, mit ihnen ist das Bokeh viel schöner, der Hintergrund verschwimmt völlig. Wenn Phönix mir zu schwer wird, klettert sie auf meine Schulter.

Einmal waren wir zu dritt im Wald unterwegs. Neben dem Waldweg sah ich eine kleine Lichtung, und mir kam die Idee, Ingo dort zu fotografieren. Also schickte ich ihn auf die Lichtung, legte mich auf den Weg, und Phönix kletterte auf meine Schulter.

Ich war ganz versunken und lichtete Ingo ab, wie er den Kopf nach oben oder unten nahm, den Fang geschlossen oder geöffnet hielt. Irgendwann wurde Phönix auf meinem Rücken unruhig, und Ingo fing an zu knurren. Das riss mich aus meiner Versenkung; ich drehte den Kopf und sah mich um. In einigem Abstand hatten sich Leute aufgereiht und starrten uns fassungslos an.

Ich richtete mich auf, sodass Phönix wieder auf meine Schulter kletterte. Als die Leute merkten, dass ich munter und lebendig war, kamen sie näher.

»Um Gottes willen, wir dachten, da liegt eine Frau auf dem Weg und wurde vom Bussard geschlagen!«, sagte eine Frau. »Wir haben die Feuerwehr gerufen.«

Ich erklärte ihnen, dass Phönix mir nie etwas tun würde und dass sie schon von klein auf bei mir war. Die Feuerwehrleute waren jedoch bereits unterwegs, also warteten wir, und ich klärte sie darüber auf, was passiert war. Es gab allgemeines Gelächter, sie zeigten großes Interesse an Phönix und machten reihenweise Selfies mit ihr.

Auf unseren Reisen erleben wir oft verrückte Situationen, denn eine Frau mit einem Greif oder einer Eule auf der Schulter gibt vermutlich kein typisches Bild ab. Einmal befand ich mich auf der Heimfahrt von einem Foto-Workshop. Auf meinen Reisen mache ich häufig Rast in Autobahnraststätten, damit Ingo sich die Beine vertreten kann, Phönix und die Eulen an die Luft kommen und ich nicht einschlafe. So auch an jenem Tag.

Ich stieg aus dem Wagen, streckte mich und lief mit Phönix und Ingo auf dem Rastplatz herum.

In einiger Entfernung saß eine Gruppe Jugendlicher. Plötzlich schrie einer von ihnen: »Hey, Alter, hast du das gesehn? Die Frau hat sich grad 'n großen Vogel gefangen!«

Der Zweite: »Echt? Grad?«

Der Erste: »Ja, grad, guckst du!«

Der Zweite: »Krass, ey.«

Ein anderes Mal drehten wir wieder unsere Runde auf dem Rastplatz, als ein Polizeiauto angerast kam. Oha, wollen die mich verhaften?, dachte ich.

Dann stellte sich heraus, dass die Polizisten uns gesehen hatten und fasziniert waren von Phönix. Sie wollten nur ein bisschen reden und herausfinden, was das für ein Vogel ist.

So wie Phönix viele meiner Aktionen vorhersieht, erkenne auch ich genau, wann sie zornig nach mir schlagen will und wann sie etwas gruselig findet. Durchschaue ich sie nicht und bin nicht schneller als sie – was nicht einfach ist –, habe ich verloren oder eben blutige Hände. Zum Glück kommt das in unserem Fall nicht allzu oft vor.

Mit zu Phönix' typischen Eigenheiten zählt auch das Klauen von Futter aus meiner Falknertasche; längst weiß sie, dass die Tasche ein wahres Reservoir an Futter in sich birgt. Daher nenne ich sie auch gern meinen »Klau-Bussard«.

Hin und wieder gelingt es ihr durchaus, mich zu überlisten. Einmal saßen wir gemeinsam mit Ingo am Waldrand und beobachteten die Rehe, die vorsichtig aus dem Unterholz kamen, um zu äsen. Phönix nutzte den innigen Moment, biss heimlich ein Loch in die Tasche und zog sich Futter heraus. Anfangs merkte ich tatsächlich nichts, bis mir ihr riesiger Kropf auffiel. Einer Ahnung folgend, griff ich in die Tasche, die inzwischen nahezu leer war. Ich tat so, als hätte ich nichts gemerkt, und beobachtete aus den Augenwinkeln, wie Phönix erneut heimlich in die Tasche langte.

Daraufhin brachte ich ihr das »erlaubte Klauen« bei, was ihrem neugierigen Wesen sehr gelegen kam. Wenn ich »Klauen!« rufe, fliegt sie herbei, krallt sich in meine Jacke und räumt die

Tasche leer, bis sie das Futter gefunden hat, das ich dort für sie versteckt habe.

Mein Wüstenbussard ist so wild, so ursprünglich. Phönix ist blitzschnell in ihren Reaktionen, stark und stolz, sie sieht alles und ahnt meine Handlungen voraus. Ich bewundere sie und nenne sie meinen Schlau-Bussard.

Bei aller Wildheit ist Phönix aber auch sehr anhänglich. Einmal flog sie auf einer höher gelegenen Wiese der Falknerei bei Remscheid frei herum. Plötzlich stieg hinter dem Wald ein Heißluftballon auf und ließ Gas ab, sodass eine Flamme hochschoss.

Phönix erschrak so sehr, dass sie auf und davon flog, schnurstracks über den nahen Wald hinweg. Es war das erste Mal, dass sie wirklich abgehauen war, und ich machte mir riesige Sorgen um sie. Ich lief los, bis zum Waldrand. Irgendwann hörte ich die kleine Glocke, die sie am Fuß trägt, und meine Panik legte sich etwas.

Phönix flog einen Riesenbogen, näherte sich mir von hinten und landete verängstigt auf meiner Schulter. Es war ein ganz besonderes Gefühl, trotz all ihrer Wildheit ihr großes Anlehnungsbedürfnis und Vertrauen zu spüren.

Wie weit Phönix' Loyalität und Verbundenheit reichen, zeigte sie auf einem unserer Spaziergänge im Wald. An dem Tag hatte sie mal wieder ihren eigenen Kopf. Ständig ließ sie sich zurückfallen, um uns dann zu überholen und huldvoll mit dem Stoß zu wedeln, als wären wir die Schnecken hier im Wald.

Während sie ein ganzes Stück hinter uns war, näherte sich mir ein Mann. Irgendetwas an ihm beunruhigte mich. Als er Ingo sah, verzog er das Gesicht und wirkte geradezu angewidert. Ein Hundehasser, vermutete ich und rief Ingo zu mir, damit er dicht bei Fuß ging. Dennoch wich der Mann uns demonstrativ aus. Es war keine Angst, die von ihm ausging, wie viele Menschen sie vor Hunden haben, sondern regelrechter Abscheu.

Instinktiv rief ich Phönix herbei.

Der Mann blickte sich suchend auf dem Weg um. Wahrscheinlich dachte er, jetzt käme noch ein zweiter Hund angerannt.

Phönix aber schoss zwischen den Bäumen heran. Ich sah schon an der Art ihres Flugs, dass das nichts Gutes zu bedeuten hatte.

Kurz bevor sie den Mann erreichte, fuhr sie die Fänge aus, als wolle sie dem Fremden eine auf den Kopf klatschen. Der Mann sah es und ging erschrocken in die Hocke, während Phönix beschleunigte, hochzog und an uns vorbei den ganzen Waldweg entlangraste. So etwas hatte sie noch nie gemacht, ich war völlig perplex.

»Achtung, Achtung!«, rief ich laut in den Wald hinein. »Die Bussarde sind voll aggressiv hier!« Dann rannte ich mit Ingo über den Waldweg in Phönix' Richtung. An seinem Ende saß sie auf einem Pfosten und wedelte mit dem Stoß hin und her – etwas, das Wüstenbussarde immer dann tun, wenn sie aufgeregt sind, wenn sie Beute geschlagen haben oder etwas Unerwartetes sehen.

So hatte sich Phönix noch nie verhalten, es blieb das einzige Mal. Irgendwie muss sie wie mit einem siebten Sinn eine Bedrohung gespürt haben …

Menschen sind Individuen und zugleich soziale Wesen. Wir suchen die Gesellschaft anderer, kümmern uns um sie und erfahren uns durch die Begegnungen und unsere Interaktionen. Trotz der Nähe zu mir hat Phönix sich vieles von ihrem ursprünglichen Wesen bewahrt. Und das ist der Grat, auf dem wir einander begegnen: Phönix spiegelt die Wildheit und die Ungebundenheit, die ich auch in mir wiederfinde. Zugleich erleben wir so viele Momente voller Nähe miteinander, die keiner Worte bedürfen. Wir beide sind auf ganz ähnliche Weise soziale und Einzelwesen, und Ingo ist uns in dieser Hinsicht sehr ähnlich.

Phönix' Freundschaft mit Ingo ist schon deshalb so erstaunlich, weil Kojoten, die zur Familie der Hunde gehören, natürliche Feinde von Wüstenbussarden sind. Eulen hingegen gehören zu ihrer ursprünglichen Beute – nicht Bärbel und auch nicht Uschi, aber die kleineren Eulen sehr wohl. Doch Phönix akzeptiert meine Eulen, wenn ich dabei bin. Umgekehrt verwandelt sich jede meiner Eulen sofort, wenn sie draußen einen Bussard sieht, plustert die Federn auf, um sich riesig zu machen, oder macht sich ganz schmal. Nicht so in Phönix' Gegenwart.

Dennoch passe ich natürlich genau auf und gehe kein Risiko ein, denn ein Harris Hawk, wie man die Wüstenbussarde auf Englisch nennt, ist in seinen Bewegungen und Reaktionen um ein Vielfaches schneller als Eulen. So rasch, wie Phönix zuschlagen könnte, wenn sie es wollte, würde wohl keiner von uns reagieren. Aber sie hat es bislang noch nicht versucht, und ich werde alles daransetzen, dass es auch so bleibt.

Im Januar 2019 brach ich mir den Fuß; der Bruch war so kompliziert, dass ich über Wochen hinweg das Bett hüten musste und meine Tiere nicht besuchen konnte. Es war eine schwierige Zeit, und was Phönix anging, zeigte sie mir einmal mehr, dass ich für das, was ich »zähme«, mein Leben lang verantwortlich bin.

Phönix reagierte besonders dramatisch, als ich sie endlich wieder besuchen konnte. Während sie sonst sofort auf meine Schulter flog, sobald ich die Voliere betrat, blieb sie nun in einiger Entfernung sitzen. Auch mit Futter war sie nicht dazu zu bewegen, in meine Richtung zu fliegen. Zu meiner Freundin hingegen kam sie sofort. Vor mir flüchtete sie und hätte lieber gehungert, als mir auch nur einen Funken Zuneigung zu zeigen. Die Abneigung gegen mich, die Missachtung waren riesig.

Phönix verstellt sich niemals. Wo eine Eule vielleicht geschmollt hätte, ging Phönix nun direkt zum Angriff über. Da ich noch nicht fit genug war, um ihr auszuweichen, gelang es ihr mehrfach, mich zu verletzen. Irgendwann schnappte ich sie bei einer ihrer Attacken und nahm sie mit nach Hause.

Den ersten Tag blitzte sie mich und die Hunde noch wütend an, aber schon am zweiten Tag fing sie wieder an zu fiepen, und irgendwann war alles gut. Die Aggression ist seither wie weggeblasen, und sie ist wieder ganz die Alte.

Alle meine Tiere lehren mich, mein Gegenüber genau zu beobachten, aus seinen Reaktionen auf sein Wesen zu schließen, seine Eigenarten zu akzeptieren … und es hin und wieder zu fordern, damit es über sich hinauswachsen kann.

Phönix verkörpert Wildheit, sie lässt sich nicht verbiegen. Sie zeigt ihre Gefühle pur, lässt Aggressionen heraus, wenn sie sie verspürt.

Es gibt Momente im Leben, da täte mir das auch gut. Ich versuche mich schon mein Leben lang zurückzunehmen. Aggressionen liegen mir nicht. Bei Phönix bewundere ich sie. Denn sie sind so unverfälscht, und wenn sie ihre negativen Gefühle auslebt, lässt sie sie damit los. Sie gären nicht in ihr, wie das bei aggressionsgehemmten Menschen der Fall ist. Ihre Ehrlichkeit und Direktheit sorgen für Klarheit, und auf gewisse Weise gibt mir das Halt. Ich weiß bei ihr immer genau, woran ich bin.

Menschen sind oft ungerecht. Auch ich bin es. Ich bin hektisch, und Geduld ist nicht meine Stärke.

Stress, Ärger, Sorgen … manchmal bin ich so darin gefangen, dass ich die Menschen in meinem Umfeld oder sogar Ingo anranze, weil er mir mal wieder vor die Füße läuft.

Phönix kann durchaus hektisch und ungehalten sein. Aber sie ist nicht ungerecht. Sie quittiert nur, und das hat sie mir voraus. Sie reagiert lediglich auf meine Launen, setzt aber keine Auslöser, so wie ich es manchmal tue. Natürlich tut mir das auch leid, aber ich bin nun mal ein Mensch.

Zum Fotografieren kommen Phönix und ich nicht oft, sie ist rastlos, hat keine Ruhe, keine Geduld. Die Beziehung zwischen uns beiden gründet nicht auf Ruhe, so wie mit den Eulen. Sie existiert nicht in dem Unendlichen, dem Zeitlosen, sondern im Hier und Jetzt. In Kraft, purer Power. Wenn wir über die Wiesen rennen, hindert mich meine Kamera. Während ich sonst tolle Fotos von Greifvögeln im Flug mache, fehlen mir hier die Hände, um Phönix zu rufen, die Kamera zu halten, zu fokussieren und dann noch ein Leckerchen auszupacken.

Letztlich aber suchen Phönix und ich ganz andere Momente … wir tollen zusammen herum, um Druck abzulassen und anschließend in aller Stille über das weite Tal zu blicken.

Kapitel 11

Poldi, Finchen & die Royals

Poldi, mein Steinkauz, misst gerade mal zweiundzwanzig Zentimeter, verfügt aber über ein derart selbstbewusstes Auftreten, dass Insider ihn den Poldinator nennen.

> Steinkäuze gehören zur Familie der Eigentlichen Eulen. In der Antike wurden sie als Vögel der Weisheit und Begleiter der Göttin Athene verehrt, im Mittelalter als »Totenvögel« verfolgt. Durch schwindende Grünlandflächen, Weideland und immer seltener werdende Nistmöglichkeiten in alten Obstbäumen und Weiden gilt der Steinkauz heute in vielen Regionen als gefährdet oder gar vom Aussterben bedroht.
>
> In Nordrhein-Westfalen kann man sich trotz der Bedrohungslage noch glücklich schätzen, denn hier leben rund sechzig Prozent des Gesamtbestands aller Bundesländer. Dies beinhaltet in Deutschland aber auch eine besondere Verantwortung der Art gegenüber.
>
> Mit seinen durchschnittlich zweihundert Gramm Gewicht ist der Steinkauz in etwa so schwer wie eine Amsel, wenn auch etwas kleiner. Sein Gefieder ist braun

mit dichten weißen Flecken; an der Unterseite ist es etwas heller. Charakteristisch sind der große Kopf mit den gelben Augen und den schwarzen Pupillen wie auch die hellen Streifen über der Augenpartie, die ihm ein kauziges Gesicht bescheren. Wie seine Artgenossen ist Poldi ein Meister darin, grimmig zu schauen, auch wenn er in Wahrheit sehr anschmiegsam ist.

Steinkäuze legen bis zu sechs Eier, ganz selten auch mal sieben. Wenn das erste Küken eines Geleges schlüpft, wird ihm die ganze Aufmerksamkeit der Eltern zuteil, und es wird schnell kräftiger. Oft liegen zwischen dem Schlüpfen des ersten und der weiteren Küken mehrere Tage, wodurch das letzte meist das Nachsehen hat. Es ist nicht immer stark genug, um sich im Konkurrenzkampf um Nahrung zu behaupten.

Poldi war das siebte Küken, und er machte keine Anstalten zu schlüpfen. Der Züchter hatte schon alle Hoffnung aufgegeben und nahm das Ei aus dem Nistkasten. Dann aber knackte es leise, und Poldi kämpfte sich durch die weiße Schale.

Poldi kam zu mir, als er sechs Monate alt war. Von Beginn an nahm ich ihn überallhin mit, und er fasste bald Vertrauen zu mir, turnte auf meiner Schulter herum und ziepte an meinen Haaren.

Niemals hätte ich geglaubt, welch ungewöhnliche Freundschaft er und Ingo schließen würden.

Ingo, zu jenem Zeitpunkt noch ein richtiger Eigenbrötler, näherte sich Poldi, der auf meinem Schreibtisch saß, durch Zufall. Als er ihn bemerkte, senkte er den Blick, als wollte er das kleine Wesen ja nicht erschrecken, und näherte sich ihm behutsam. Die Art, wie er sich Poldi gegenüber verhielt, verschlug mir den Atem. So sanft und rücksichtsvoll, so beschützend kannte ich ihn gar nicht.

Ich lobte Ingo ganz leise und sah zu, wie er Poldi vorsichtig mit der Nase anstupste. Poldi beobachtete Ingo aus seinen großen Augen, und so näherten die beiden sich an. Dies war der Beginn einer wunderbaren Freundschaft.

Zu jener Zeit ging es privat bergab, und die alte Einsamkeit, die mein Leben durchzog, meldete sich zurück. Oft war ich tieftraurig und saß mit den Tieren am Waldrand, bis es dunkel wurde. Dort sah es niemand, wenn ich stundenlang weinte, und die Tiere beobachteten mich nur still. Ich fragte mich, wie es weitergehen sollte, beruflich, privat. Was aus mir werden sollte. Wie es gesundheitlich weitergehen würde.

Aber es gab auch schöne Momente. Das Fotografieren machte immer mehr Spaß. Der Kontakt mit meinen Tieren war so eng, das Verständnis so groß, und es erfüllte mich, die gemeinsam erlebten Momente voller Abenteuer auf ein Bild zu bannen.

Wirklich sehen wollte meine Bilder niemand. Das war aber nicht schlimm, denn eigentlich freute ich mich selbst am meisten über die Fotos. Über Ingo, der so aufblühte. Ich war glücklich, ihn dabei zu beobachten, wie er Poldi und Phönix zu verstehen versuchte. Welch große Mühe er sich gab, dass sie ihn als Freund akzeptierten.

Eine weitere Eigenschaft des Fotografierens ist auch, die Welt in Fotolocations zu sehen und alles andere zu vergessen.

Schon bald wurden Ingo und Poldi unzertrennlich. Wenn Poldi seine Launen auslebte, Ingo am Ohr zog oder die Krallen in ihn versenkte, nahm mein Hund das immer gelassen hin. Das ungleiche Paar akzeptierte und respektierte die Eigenarten und Macken des jeweils anderen.

Die positive Wandlung, die Ingo durch die Nähe und das Vertrauen des kleinen Poldi machte, erstaunte mich jeden Tag aufs Neue. Ich denke, es waren die Aufgabe und auch die Aufmerksamkeit, die Ingo bislang gefehlt hatten und die er im Umgang mit Poldi und bald auch mit den anderen Eulen und Greifen fand. Viel Lob zu bekommen und im Mittelpunkt zu stehen taten ihm augenscheinlich gut.

Poldi entwickelte sich zu einem wahren Charakterkopf, konnte Wasser nur wenig abgewinnen und verabscheute Mäuse. Ingo hingegen liebte er unverbrüchlich. Ich nahm die beiden mit zu Spaziergängen, setzte mich mit ihnen an den See und staunte über das ungleiche Freundespaar.

Ingo schien Poldi gar nicht mehr aus den Augen lassen zu wollen, sorgte sich um ihn und bewegte sich trotz seiner Kraft und Energie in dessen Gegenwart so achtsam, dass es geradezu magisch war. Oft saßen wir drei in stiller Eintracht einfach nur zusammen auf einer Bank am nahen Elbsee. Mehr brauchte es nicht, um sich mit allem im Einklang zu fühlen, um loszulassen, zur Ruhe zu kommen.

Mit der Zeit gab ich erste Foto-Workshops, Coachings, hatte Shooting-Kunden und machte Collagen. Bei all dem spürte ich, wie mir das Selbstbewusstsein fehlte. Ich fand mich nie gut genug, und das machte es schwierig, mir etwas aufzubauen.

Plötzlich aber ging alles durcheinander.

Eine große Seite auf Facebook teilte meine Bilder, und den ganzen Tag klingelte das Telefon. Zeitungen, Zeitschriften, Magazine riefen an. Die erste Zeitung bot mir fünfzig Euro für ein Bild. Ich hatte ja überhaupt keine Ahnung und dachte: Klasse, das ist ja super! Wie ich bald herausfand, war das natürlich viel zu wenig, aber ich freute mich dennoch. Die nächste Zeitung bot mehr Geld – und dann meldete sich das Fernsehen.

Schon immer war Öffentlichkeit ein Horror für mich. Mir fehlt das Selbstbewusstsein, ich fühle mich angestarrt, kriege Panik. Da ich schlecht Nein sagen kann, gelang es mir nicht, den Sender abzuwimmeln. Als ich schließlich den Hörer auflegte, bekam ich vor Angst Atemnot. Wie hatte ich nur zusagen können?

Viele Leute schrieben mich an, teilten die Bilder. Es gab viele nette Kommentare, aber leider auch einige wenige, die böse waren. Sie zogen mich noch mehr nach unten. Das war nicht das, was ich wollte. Ich wollte der Welt zeigen, wie toll Tiere sind, das war alles. Negatives wollte ich nicht, und schon gar nicht, wenn es Ingo, Poldi und mich betraf. Natürlich bleiben böse bis gehässige Kommentare in den sozialen Medien heutzutage fast nirgends aus, aber ich kann eben schlecht damit umgehen.

Das Telefon klingelte immer wieder. Es war eine unterdrückte Nummer. Ich nahm das Gespräch schließlich an. Mit dunkler Stimme sagte der unbekannte Anrufer: »Pass bloß auf, wenn deine Tiere im Garten sind. Ich werde Ingo und diese Vögel vergiften.« Dann legte er auf. Ich geriet in Panik, schnappte mir Ingo und Poldi und raste zum Elbsee. Ich wollte nur dem Wahnsinn entkommen.

Ein Fahrradfahrer rauschte in großem Tempo an uns vorbei. Hinter mir hörte ich es plötzlich bremsen.

Der Radfahrer kehrte zurück und fragte: »Sind das nicht der Schäferhund und die Eule aus der Zeitung?«

Ich antwortete kurz auf seine Fragen und eiste mich los. Ich musste allein sein mit den Tieren.

Wir gingen durch das Wäldchen und setzten uns am Rand auf einen Holzstapel. Die Tränen liefen mir einfach über das Gesicht, ich konnte sie nicht aufhalten.

All das wollte ich nicht.

Ingo lag neben mir auf dem Holz, Poldi saß auf meinem Knie. Plötzlich kam ein Ruf aus dem Wald. Ich denke, es war ein Waldkauz, genau wusste ich es aber nicht.

Poldi flog blitzartig auf Ingos Kopf, zwischen seine Ohren, machte sich ganz groß und pfiff schrill – so als wollte er sagen: »Nur zu, komm schon, wenn du dich traust!« Unwillkürlich musste ich lachen. Wieder waren es die Tiere, die mir zur Seite standen. Von ihnen kam nichts Böses, nichts Negatives. Das kam immer nur von Menschen.

Mit Ingo und Poldi an meiner Seite dachte ich lange nach. Es war an der Zeit für eine Veränderung. Immer hatte ich von einer kleinen Farm mit lauter Tieren geträumt. Mein Traum lag nach wie vor in weiter Ferne, aber das Bedürfnis, nur noch mit den Tieren zusammen zu sein, war größer denn je. Mein Blick fiel auf Ingo. Poldi hatte es sich zwischen seinen Pfoten gemütlich gemacht. Ich war gespannt darauf, was uns alle erwartete.

Poldi hat ein riesengroßes Herz. Er streitet niemals mit Finchen, seiner Partnerin, auch nicht mit den anderen Eulen und schon gar nicht mit Ingo. Wenn ihm etwas nicht passt, lässt er Blicke sprechen. Und da hat er ein ganzes Repertoire, von garstig über verschreckend bis zu gemeingefährlich.

Fremden gegenüber ist er höchst skeptisch. Er traut ihnen nicht. Dennoch beißt er nicht und greift nicht an. Aber vertrauen wird er anderen wohl niemals.

Manchmal, so sage ich mir, sollte ich in dieser Hinsicht mehr wie er sein – misstrauisch und unbestechlich. Zwar lasse ich Menschen, von einigen Ausnahmen abgesehen, nicht wirklich in mein Herz, aber ich helfe trotzdem jedem und glaube an das Gute in meinen Artgenossen. Im Gegensatz zu Poldi, der Fremden am liebsten aus dem Weg geht.

In den ersten Monaten des Jahres 2019 hatte ich wegen meiner erzwungenen Bettruhe kaum Kontakt zu Poldi, und Ingo ging es ebenso. Ich war ziemlich verzweifelt, weil Balz war und ich mich nicht wie in den Jahren zuvor um Poldi und Finchen kümmern konnte.

Dieses Jahr brüteten alle Steinkauzpaare in meinem Falknerumfeld schon sehr früh. Ich hatte ein schlechtes Gefühl, weil Finchen noch keine Anstalten zum Legen machte. Als ich aber buchstäblich wieder auf den Beinen war, legte Finchen das erste Ei, bald darauf das zweite und dritte – doch anschließend geschah gar nichts mehr. Typisch für Finchen ist die Angewohnheit, mit dem letzten Ei das Brüten zu beginnen und dann so lange auf den Eiern sitzen zu bleiben, bis die Jungen schlüpfen. Da sie immer noch nicht brüten wollte, war ich in großer Sorge. Vier oder fünf Tage später legte sie endlich das vierte Ei, dann das fünfte und, ganz schnell und versteckt, noch ein sechstes. Damit hatte ich gar nicht gerechnet!

Steinkauz-Terzel und -Weiber sehen vom Gefieder her gleich aus, das Weib ist ein wenig größer. In der Natur bleibt ein Paar ein Leben lang zusammen, und so verhält es sich auch mit Poldi und Finchen, seit die beiden aufeinandertrafen. Ich erinnere mich noch, wie kritisch Poldi »die Neue« beäugte, als ich sie in seine Voliere setzte. Lange hatte ich nach einem Weib gesucht und nun endlich Glück gehabt. Doch ich war mir nicht sicher, ob Poldi der Wahl überhaupt zustimmte. Anders als er war Finchen überhaupt nicht an Menschen gewöhnt.

Anfangs beäugten sich die beiden ziemlich kritisch von entgegengesetzten Ecken der Voliere aus. Poldi betrachtete Finchen und wirkte alles andere als begeistert. Ab und an pickte er nach ihrem Kopf, aber Finchen blieb stoisch sitzen, wo sie war.

Poldis erste Annäherung war alles andere als sanft, er schüttelte Finchen und schlug sie. Finchen aber hatte sozusagen den längeren Atem, ließ sich noch immer nicht beirren und eroberte mit ihrer Beharrlichkeit schließlich sein Herz.

Die Wandlung, die der kleine Poldi seither vollzogen hat, erstaunt mich immer wieder aufs Neue. Wenn Finchen brütet, versorgt er sie emsig mit Futter; sogar vor Mäusen, vor denen er sich immer ekelte, schreckt er dann nicht zurück. Sobald die Jungen schlüpfen, kümmern sich die Eltern aufopferungsvoll um den Nachwuchs und gehen dabei bis an die Grenzen ihrer Kraft.

Während Finchen brütete, waren die Nachrichten voll vom Thema Brexit. Ich hingegen redete von nichts anderem als von den Eiern. Eines Tages machte meine Freundin aus Brexit kurzerhand Br-eggs-it, und aus den Poldis und dem Gelege wurde die königliche Familie.

Als die Kleinen schlüpften und der Breggsit damit in eine neue Phase eintrat, bekamen sie natürlich royale Namen, wobei ich manche ein bisschen abwandelte: Charles und Kamilla, William und Harry, Kate und Megan.

Jeder war begeistert, wie gut ich die Küken auseinanderhalten konnte. Konnte ich gar nicht. Anfangs war Charles noch der Größte und Megan die Kleinste, aber die anderen holten ganz schnell auf, sodass auch ich nur raten konnte. Ich schrieb einfach Namen zu den Bildern auf Instagram, und jeder dachte, ich hätte den totalen Durchblick.

Der Nistkasten meiner Steinkäuze ist so konstruiert, dass Marder mit ihren langen Körpern nicht durch die Windungen und kleinen Fächer gelangen können. Wie die Küken in den Vorjahren stapelten sich die Royals alle übereinander. Und auch dieses Mal hüpften sie auf Poldi herum – wobei eins der Küken mit einer Kralle an seinem Auge hängen geblieben sein muss und ihn stark verletzte. Seine eine Kopfhälfte schwoll an, und die Haut unter den Federn verfärbte sich lila. Er konnte das Auge nicht mehr öffnen. Ich hatte Angst um Poldi.

Die Behandlung ließ er mit stoischer Ruhe über sich ergehen, und entgegen meiner Befürchtung war wenige Tage später kaum noch etwas zu sehen.

Längst fehlt ihm schon eine Zehe, als er versuchte, einen Marder von seiner Familie abzulenken, der um die Voliere herumschlich. Er konnte ja nicht wissen, dass ein Marder keine Chance hat, in seine Voliere einzudringen. Er warf sich damals immer wieder gegen die Gitter, und dabei verletzte er sich.

Eine Zehe weg und nur noch ein Auge? Für mich wäre er genauso wertvoll gewesen.

Mit einem lachenden und einem weinenden Auge werde ich dieses Jahr die Royals auswildern, so wie ich es mit Poldis und Finchens Küken in den Jahren zuvor gehalten habe.

Die Lebenserwartung in der Natur ist nicht hoch, und sie werden kämpfen müssen. Es wird Tage geben, an denen sie Hunger leiden und rastlos sein werden. Sie werden Feinden ausweichen müssen, sich Reviere suchen und eigene Familien gründen.

Vielleicht wird nicht jeder von ihnen das erste Jahr überleben.

Aber sie werden die Steinkauz-Population unterstützen, die unsere Hilfe dringend braucht.

Und sie werden die Gene und den Charakter von Poldi und Finchen weitergeben.

Von den letztjährigen Poldi-Kindern habe ich nie mehr etwas gesehen. Eine ganze Weile fuhr ich täglich in das Gebiet, in dem sie ausgewildert worden waren, und legte Mäuse auf einen Baumstamm. Als dann aber über einen längeren Zeitraum das Futter unberührt blieb, stellte ich meine Fahrten ein. Ich glaube fest daran, dass sie tolle Familien gegründet und in diesem Jahr schon gebrütet haben.

Poldi hat Ingo und mich den Wert der Freundschaft gelehrt, er hat Ingo eine Lebensaufgabe gegeben und mir meinen Hund erst richtig nahegebracht. Und er hat mich noch viel mehr gelehrt.

Es ist nicht Größe, die zählt, es ist nicht Stärke. Es ist Charakter.

Wenn wir genug Zeit haben, fahren wir zu den wilden Steinkäuzen hier in der Gegend. Letztes Jahr konnten wir beobachten, wie ein Steinkauz einen Feldhasen aus der Umgebung der Bruthöhle vertrieb. Steinkauz vs. Feldhase ist schon eine starke Leistung für einen so kleinen Kauz, aber dieser überlegte nicht mal eine Sekunde lang.

Genau wie Poldi einen Marder vertrieb und eher sich selbst opfern würde, als dass ein Feind seine Familie fressen würde.

Poldi hat sich vom Muffelkopf und Macho zum einfühlsamen Freund und fürsorglichen Vater seiner Küken entwickelt. Und noch immer zeigt er seinen liebevollen Charakter und großen Mut. Poldis Energie und seine Hingabe gehören nun seiner Brut, und er ist als Vater unermüdlich.

Jedes Jahr nehme ich mir aufs Neue vor, ein paar Bilder von den jungen Steinkäuzen zu machen, bevor sie fliegen können, und doch kommt es nie dazu. Die Kleinen sind aber auch wie ein Sack Flöhe und sogar zu Fuß noch meist schneller als ich mit der Kamera. Stattdessen nehme ich ab und an Poldi mit auf einen Ausflug. Das genießt er jedes Mal sehr. Das Autofahren, die Vertrautheit, die immer noch zwischen ihm und Ingo besteht. Vielleicht will er einfach auch mal seine Ruhe vor Finchen haben.

Wenn wir unterwegs sind, ist er neugierig und in Ingos und meiner Gegenwart zugleich ruhig und ausgeglichen. Da Fremde ihn nervös machen, sind wir drei meist allein unterwegs und genießen die gemeinsame Zeit.

Während unserer Ausflüge sind in den vergangenen Jahren unzählige Bilder entstanden, Dokumente einer außergewöhnlichen Freundschaft zwischen Steinkauz und Malinois.

All die Fotos waren auch deshalb möglich, weil Poldi mir vertraut. Er weiß, dass ich ihn nur zu den besten Plätzen führe, an denen ihm nichts passieren kann. Außerdem weiß er, dass er, wenn Ingo in der Nähe ist, immer Schutz findet.

Und so lehren die beiden uns allen den wahren Wert der Freundschaft: den anderen in seinem Wesen anzunehmen, füreinander einzustehen und jedem seine Eigenheiten und Freiräume zu lassen.

Kapitel 12

Gandalf

Eigentlich hätte es ja eine Schnee-Eule werden sollen. Aber nachdem die große Voliere in unserem Garten in Düsseldorf einfach nicht fertig werden wollte, fragte ich den Züchter, ob ich statt der Schnee-Eule eine kleine Eule haben könnte, als Gefährtin für Poldi. Schließlich war bei ihm noch jede Menge Platz. Zum Glück willigte er ein, und so fuhr ich im Mai 2015 nach Holland.

Die Weißgesichtseule des Züchters war gerade mal eine Handvoll Küken, das mich aus großen orangefarbenen Augen neugierig musterte. Ich nannte sie wegen des grauen Flaums Gandalf. Anders als sein filmisches Vorbild aus *Herr der Ringe* ist Gandalf aber kein weiser Zauberer, sondern ein kleiner Motzkopf geworden.

> Das natürliche Habitat der Weißgesichtseule erstreckt sich südlich der Sahara bis in den Norden Südafrikas, mit Ausnahme der Tropenwälder. Oft sind die Tiere, die zur Familie der Eigentlichen Eulen gehören, in Parks anzutreffen. Im Englischen werden sie wegen ihrer Fähigkeit zur Verwandlung auch Transformer Owls genannt:

Bei Gefahr legt sich ihr Gefieder so eng an den Körper an, dass sie schmal wie ein dünner Ast werden und die Flügel länger wirken, während sie die Augen zu Schlitzen zusammenziehen.

Weißgesichtseulen werden etwa vierundzwanzig bis achtundzwanzig Zentimeter lang. Gandalf wiegt inzwischen 199 Gramm, außer er hat zu viel gefressen, dann werden es auch mal über zweihundert.

Das Gesicht ist weiß bis hellgrau und schwarz umrandet. Das Gefieder zwischen den Büschelohren ist überwiegend grau, ansonsten bräunlich grau und dunkel gestrichelt. Am Bauch sind die Eulen heller und zu den Beinen hin fast weiß. Typisch sind die ausdrucksstarken bernstein- bis orangefarbenen Augen mit den blaugrauen Lidern. Oberhalb des Schnabels zeigt die Weißgesichtseule bartähnliche Federbüschel.

Der Bestand der Weißgesichtseulen ist stabil, damit ist ihre Art derzeit ungefährdet. Sicher trägt das große Verbreitungsbiet auf dem afrikanischen Kontinent zu dieser guten Einschätzung bei.

Gandalf hatte schon als Küken seinen eigenen Kopf. Ihm war immer schlecht – wie ich später erfuhr, war es bei seinen Gelege-Brüdern ganz ähnlich. Also wärmte ich ihm ständig den Bauch, manchmal einfach, indem ich warme Luft dagegenhauchte. Dann war er schon mal für drei Minuten zufrieden. Leider ging das die ganze Nacht über so, und das konnte mitunter ganz schön stressig werden. Gandalf wollte partout auf meinem Bauch schlafen, und ich wagte kaum, auch nur ein Auge zu schließen, aus Angst, ich könnte ihn im Schlaf zerquetschen. Wenn er endlich eingeschlafen war, bettete ich ihn sacht in die Kiste neben meinem Bett, aber kaum lag er dort, wurde er wach, und das Geschrei ging los. Es wurden lange Nächte mit wenig Schlaf und viel Fernsehen.

Tagsüber versuchte ich ihn auf meine Hand zu locken, aber daran hatte er gar kein Interesse. Selbst die Leckerchen in meiner Hand konnten ihn nicht umstimmen, er hatte von klein auf seinen eigenen Kopf. Was Gandalf nicht will, will er nicht – und das ist eine Menge.

Einige Wochen nachdem Gandalf zu mir gekommen war, wurde es Zeit, Düsseldorf und meinem Mann Lebewohl zu sagen. Doris, meine alte Hündin, war die Umgebung gewohnt, und ich hielt es einfach für besser, wenn sie keinen Ortswechsel mehr verkraften musste. Ziny, meine jüngere Hündin, blieb bei ihr, die beiden waren aneinander gewöhnt und lagen immer gemeinsam im Hundekorb. Später, als Doris im hohen Alter von fünfzehneinhalb Jahren starb, holte ich Ziny wieder zu uns, und sie lebt mit Ingo und uns zusammen in Grevenbroich. Inzwischen ist sie auch schon zehn.

Damals zogen wir nach Remscheid in eine Wohnung in einer Falknerei. Dort war genug Platz für die Tiere. Meine beiden Eulen verstanden sich bestens, aber Gandalf konnte Poldi auf Dauer einfach kein Steinkauzweib ersetzen.

Bald zog der Winter auf, und in Remscheid fiel Schnee. Das war nichts für Gandalf, also verbrachte er den Winter drinnen in der Wohnung, und Poldi war wieder allein und rief nach einem Weib. Damals gab ich eine Suchanzeige auf, und so kam Finchen, das Steinkauzweib, zu uns. Gandalf saß am liebsten auf dem Monitor, während ich Fotos bearbeitete, und hielt ein

Schläfchen. Häufig hockte er auch unter der Kaffeemaschine oder auf dem Wasserhahn.

Gandalf war schon als Jungvogel geradezu versessen auf Rührei – daran hat sich bis heute nichts geändert. Wann immer ich Rührei auf den Teller häufte, musste ich aufpassen, dass er nicht mit Karacho mittendrin landete. Natürlich war das kein artgerechtes Futter, außerdem war das Essen zu heiß für seine Fänge.

Leider steht Rührei bei mir häufig auf dem Speiseplan, besonders dann, wenn ich mal wieder mit einer meiner aus Ei und Salat bestehenden Diäten anfange, was ziemlich häufig der Fall ist.

Als Gandalf in die Wohnung zog, musste ich mir jede Menge Tricks einfallen lassen, um ihn von meinem Frühstück abzulenken. Man muss dazu sagen, dass Gandalf gewöhnlich ziemlich reaktionsfaul ist. Doch wenn es um Rührei geht, entwickelt er ungeahnte Geschwindigkeiten. Dass die Küche eine offene Zeile im Wohnzimmer war, vereinfachte die Situation nicht wirklich.

Damals schien er genau zu wissen, wann es Zeit fürs Rührei war, und saß quasi in den Startlöchern. So auch an einem Morgen im dicksten Winter. Ich nahm mir vor, Gandalf vorsichtshalber ins Schlafzimmer zu setzen, während ich in der Küche zugange war. Also gab ich schon mal Flüssigbutter in die Pfanne und sah mich suchend um. Zu spät! Gandalf hob ab, vollführte ein Flugmanöver um mich herum, das ich so gar nicht von ihm erwartet, geschweige denn gekannt hätte – und landete mit den Fängen voraus in der kalten Pfanne voller Flüssigbutter.

Mit Schwung schlitterte er am Pfannenrand entlang. Ich rannte zu ihm, schnappte ihn und hob ihn aus der Pfanne. Was tun mit dem buttertriefenden Grauen? Ihn mit Wasser abzuwaschen hätte kaum etwas gebracht. Also versuchte ich, mit Küchenpapier und Handtüchern die Butter aufzusaugen, und tupfte ihn ab.

Er war sauer, richtig sauer.

Als ich noch mehr Küchenpapier abrollte, flog Gandalf los. Das heißt, er wollte abheben, aber sein Gefieder war zu schwer, also fiel er einfach abwärts. Es dauerte noch einige Zeit, bis das Fliegen wieder richtig funktionierte. Gelernt hat er daraus allerdings nichts. Aber ich. Ich verbanne ihn des Raumes, wann immer es Rührei gibt. Viele Menschen fragen mich, wie eine Eule riecht. Ich antworte dann immer: »Wie Waldluft.«

Nun ja, außer Gandalf, der riecht irgendwie muffig. Aber das liegt vermutlich daran, dass er als Kind in die Flüssigbutter fiel.

Während Eulen leidenschaftliche Jäger sind, hält Gandalf es mit möglichst wenig Aufwand. Die Nahrung der Weißgesichtseulen besteht aus Nachtfaltern, Käfern, Webspinnen und kleinen Wirbeltieren. Gewöhnlich beobachten die Vögel von einer Ansitzwarte aus den Boden, um die Beute dann zu greifen. Gandalf hat seine eigene Strategie entwickelt. Er sitzt bewegungslos auf einem Blumentopf oder einer Erhöhung, wenn er eine Maus sieht.

Die Augen zu Schlitzen geschlossen, denkt man, er atmet nicht mal.

Man denkt allerdings auch, das wird nie etwas.

Irgendwann, wenn man längst nicht mehr daran glaubt, schießt er los. Meist ist die Maus schneller, und er fliegt frustriert zurück, motzt vor sich hin und macht beleidigt ein Nickerchen. Das war es dann auch für diesen Tag mit Mäusen.

Wie alle meine Tiere ist Gandalf ein echtes Individuum. Vieles in unserem gemeinsamen Leben kommentiert er mit fauchenden Lauten, noch mehr mit Geknötter. Da er durch nichts aus der Ruhe zu bringen ist, darf er ab und an mit in die Eisdiele.

Er klaut allerdings – zum Beispiel, wenn er zum Nachbartisch auf die Waffel mit Puderzucker und Kirschen fliegt.

Sonst aber ist er bewegungsfaul und läuft lieber in seiner »Schmidtchen-Schleicher«-Gangart umher, statt sich in die Lüfte zu erheben. Sein Gang kann durchaus auch eine Art Statement sein. Wenn er sauer ist, richtig sauer, scheint er vor lauter Wut zu vergessen, dass er fliegen kann. Sind wir unterwegs oder bei einem Fotoworkshop, ist es gut möglich, dass er einfach zum Auto oder Rucksack zurückmarschiert. Ganze Foto-Sessions hat er schon verschlafen – etwas ungünstig, wenn eigentlich Flugfotos geplant sind. Aber so ist er nun mal, und wer ihn kennt, schließt ihn fest ins Herz.

Ingo hat sich von Anfang an als Gandalfs Freund und Beschützer erwiesen. Allerdings kennt er den kleinen Motzkopf ganz genau. Gandalf gibt grundsätzlich den Ton an. Er schmust niemals mit Ingo. Never ever – es sei denn, es droht Gefahr. Sieht er einen Bussard am Himmel oder eine Rohrweihe knapp über den Ähren gaukeln, ist Ingo plötzlich gut genug, und Gandalf drückt sich zum Schutz eng an ihn. Und zwar genau so lange, bis der Greifvogel wieder weggeflogen ist. Dann nimmt er schleunigst Abstand und schüttelt sich erst mal. Mit seinem

Gehabe erinnert er mich an Frauen in Filmen, die nach einer überraschenden Kussattacke ihre Kleidung richten und tun, als wäre nichts gewesen.

Wenn ich etwas von Gandalf gelernt habe, dann, dass ich meinen Launen auch mal freien Lauf lassen darf. Nicht einfach alles hinnehmen und runterschlucken, sondern auch mal protestieren. Etwas, das andere von einem fordern oder erwarten, nicht zu tun. Das alles kann Gandalf nämlich vorbildlich.

Er hat nicht die erhabene Ruhe von Klaus-Bärbel. Dafür hat er eine motzige, knurrige Kein-Bock-Ruhe, ganz nach dem Motto: erst mal meckern und aussitzen. Sich gar nicht erst bemühen, wenn man nicht weiß, ob es sich wirklich lohnt. Für Menschen wie mich, die anderen immer alles recht machen wollen, ist das eine heilsame Lektion.

Kapitel 13

Uschi

Meine Schnee-Eule Uschi ist eine echte Diva, alles muss nach ihrem Kopf gehen, und wehe, wenn nicht.

Während Eulen im Volksmund als weise gelten, lässt Uschi diese Eigenschaft erfolgreich vermissen. Allerdings ist sie clever genug, immer gleich einen Schuldigen für ihre wechselnden Miseren zu finden.

Der natürliche Lebensraum der Schnee-Eulen befindet sich in der arktischen Tundra; bei Nahrungsknappheit während der schneereichen Monate ziehen die Vögel ein Stück weit südlich und werden in strengen Wintern mitunter auch in Mitteleuropa gesichtet. Sie gehören zur Familie der Eigentlichen Eulen und sind Bodenbrüter. Charakteristisch ist der kräftige runde Kopf mit den leuchtend gelben Augen und dem dunklen Schnabel. Die Federohren sind wenig ausgeprägt und kaum zu sehen.

Als Küken sind Schnee-Eulen unabhängig vom Geschlecht dunkelgrau. Ausgewachsene Terzel und Weiber unterscheiden sich in Größe, Gewicht und Gefieder. Während die Terzel nahezu weiß und etwas kleiner sind, weisen die Weiber dunklere Flecken und Querbänder im ansonsten weißen Gefieder auf. Sie erreichen eine Körperlänge von bis zu dreiundsechzig Zentimetern und ein Gewicht von durchschnittlich zwei Kilogramm. Die Flügelspannweite beträgt je nach Geschlecht und Größe bis zu einem Meter fünfundsechzig.

Harry Potters berühmte Schnee-Eule Hedwig machte die schönen, erhabenen Tiere weltberühmt. Wer genau hinsieht, erkennt, dass Hedwig mit ihrem schneeweißen Gefieder und den wenigen dunkleren Punkten auf den Flügeln in Wirklichkeit ein Terzel ist.

Ich muss gestehen, dass ich weder die Bücher noch auch nur einen einzigen Film gesehen habe. Als ich auf die Idee kam, eine Schnee-Eule bei mir aufwachsen zu lassen, war ich also nicht dem Harry-Potter-Boom verfallen, und es geschah auch aus keiner Laune heraus.

Schnee-Eulen faszinierten mich schon lange, auch und gerade deswegen, weil in Falknerkreisen die Schnee-Eule als Inbegriff der Lernresistenz gilt. Und wer mich kennt, weiß, dass ich Herausforderungen liebe.

Ich hatte bereits im Frühjahr 2015 eine Schnee-Eule bestellt, doch aufgrund der fehlenden, angemessen großen Voliere war stattdessen Gandalf zu uns gekommen. Inzwischen aber lebte ich in der Falknerei, wo es ausreichend Platz gab.

Im September 2015 plagten mich einige gesundheitliche Probleme. Eigentlich gehe ich nie zum Arzt, doch da ich mich immer kränker fühlte, vereinbarte ich einen Termin, und es folgten Blutuntersuchungen und Tests. Wegen meiner schlechten Blutwerte bekam ich dreimal die Woche Infusionen.

Nachdem ich weitere Untersuchungen hinter mich gebracht

hatte, klingelte eines Morgens in aller Frühe das Telefon. Es war die Arztpraxis.

Ich erinnere mich noch ganz genau daran, wie ich mit Ingo auf meinem Bett saß und die Morgensonne ein warmes Orange an die gegenüberliegende Wand warf.

Es war ein so schöner Morgen, bis die Stimme an meinem Ohr sagte: »Frau Brandt, mit Ihren Werten ist etwas nicht in Ordnung. Wir hätten gern, dass Sie zur Abklärung ins Krankenhaus gehen. Es könnte Krebs sein, aber wir wollen Sie nicht beunruhigen.«

Das orangefarbene Licht schien sich schlagartig grau zu verfärben. Sobald ich aufgelegt hatte, vergrub ich den Kopf in Ingos Fell und heulte erst mal.

Als ich mich nach einer ganzen Weile wieder aufsetzte, strömte warmes Sonnenlicht ins Zimmer, und ich sagte mir: Krankenhaus? Nö. Genau das werde ich nicht tun. Ich war überzeugt: Wenn man ganz fest an etwas glaubt, wird es in Erfüllung gehen, und im Leben muss man eben manchem trotzen.

Ich setzte mich an den Computer und googelte statt nach Krebs nach Schnee-Eulen-Züchtern. Trotz meiner geschwollenen und verheulten Augen wurde ich schnell fündig, rief an und fuhr gleich darauf los.

Ich weiß nicht mehr, was ich in jenen Stunden dachte. Krebs ist in unseren Köpfen noch immer ein Todesurteil, auch wenn die Krankheit in vielen Fällen geheilt werden kann. Ich fragte mich, ob dies womöglich die letzte Gelegenheit war, mir den Traum von einer Schnee-Eule zu erfüllen. Sollte mir etwas passieren, dann wusste ich, dass die Tiere bei meiner Freundin sicher aufgehoben waren. Also beschloss ich, erst mal nach vorn zu blicken.

Als ich mir die Schnee-Eulen in der Voliere beim Züchter ansah, war ich emotional ziemlich aufgewühlt. Ich wusste, dass diejenigen Vögel, die nicht verkauft wurden, als Präparate endeten. Die Küken waren drei Monate alt, bereits ausgewachsen und ziemlich aggressiv – eine Eigenschaft, die typisch für die Art ist, denn Schnee-Eulen müssen ihre Bodennester gegen Feinde wie den Polarfuchs, Raubmöwen und sogar Eisbären verteidigen.

Uschi war stiller als ihre Geschwister, irgendwas schien mit ihrem Flügel nicht zu stimmen. Schnee-Eulen haben als Jungtiere überdimensional große Flügel und klappen diese bei Stress nach vorn – so auch Uschi. Ihre Flügel sahen identisch aus, doch als ich genauer hinschaute, kam mir der linke etwas seltsam vor.

Ich fragte den Züchter, ob diese Eule ein Problem mit den Flügeln habe, aber er verneinte und drängelte, ich solle mich für eine entscheiden.

Das andere Weib war bildschön und riesig, aber dermaßen aggressiv, dass ich es trotz aller Bemühungen nicht schaffte, mich ihr zu nähern. Uschi hingegen beobachtete mich ruhig und suchte sogar Kontakt. Kurz entschlossen deutete ich auf sie und sagte: »Diese.«

Auf der Fahrt turnte Uschi so unruhig umher, dass ich Sorge hatte, sie könne sich eine Prellung zuziehen. Kaum waren wir zu Hause angekommen, merkte ich, dass ihr linker Flügel leicht herunterhing. Also fuhr ich zum Tierarzt, der vorschlug, erst einmal abzuwarten, da wir befürchteten, dass sie sich auf der Fahrt tatsächlich geprellt haben könnte. Nachdem es nicht besser wurde, ging es mit ihr in die Tierklinik. Dort wurde festgestellt, dass der Flügel bereits im Kükenalter gebrochen gewesen war und krumm verwachsen sein musste. Eine Behandlung war wenig aussichtsreich und hätte für Uschi großen Stress bedeutet. Da sie keine Schmerzen hatte, nahm ich sie wieder mit nach Hause.

Anfangs war viel Vertrauensarbeit nötig. Auch machte ich mit ihr spezielle Übungen für den Muskelaufbau und sorgte für ausreichendes Flugtraining. Das Fliegen klappte gar nicht schlecht, aber das Landen war eine Katastrophe.

Inzwischen werden die Strecken, die Uschi fliegen kann, immer kürzer, und ich bin nicht sicher, ob sie steinalt wird. Sie wird immer krummer in ihrer Haltung, aber ihre Freude und ihr Lebenswille sind ungetrübt, und solange sie keine Schmerzen hat, bleibt sie bei uns.

Trotz aller gesundheitlichen Probleme war Uschi eine typische Vertreterin ihrer Art, etwas schusselig und aggressiv.

Einmal erschreckte sie sich, flog gegen einen Ast und verletzte sich am Auge. Sie wurde vom Tierarzt behandelt, und ich sollte weiterhin mehrmals täglich Augensalbe anwenden.

Als ich am nächsten Morgen zu ihr in die Voliere kam, lag sie wimmernd am Boden, die Fänge nach oben gestreckt und die Augen zugekniffen.

Sie tat mir so leid. Uschi wirkte gerade so, als wäre sie ein Greifvogelopfer. Ich nahm sie kurzerhand mit ins Wohnzimmer, und es ging ihr schnell besser und besser. Einzig Ingo war ein Stein des Anstoßes für sie. Sie saß auf ihrem Sprenkel und funkelte Ingo an.

Ingo war verunsichert und fing an, im Kreis um sie herumzulaufen, wieder und immer wieder.

Ich wollte ihm eigentlich sagen, dass er sie in Ruhe lassen solle, aber dann beobachtete ich die beiden gebannt. Schnee-Eulen können ihren Kopf genau wie andere Eulen um zweihundertsiebzig Grad drehen. Uschi folgte Ingos Bewegung mit dem Kopf, so weit es ging, und fauchte ihn dann zornig an.

Ingo hielt inne, wandte langsam den Kopf zur Seite und damit den Blick ab. Dann startete er die nächste Umrundung.

So ging das Spiel eine gefühlte Ewigkeit weiter, bis ich plötzlich ganz deutlich ein tiefes Ausatmen von Uschi vernahm. Das war das Signal für Ingo! Langsam trat er vor sie und hob wie in Zeitlupe ein Hinterbein.

Ich ruderte vor Schreck mit den Armen und flüsterte ihm zu: »Nein, neeeeein, Eulen schnüffeln nicht an Pullermännern.«

Uschi war völlig perplex und starrte Ingos Unterseite schockiert an. Ich weiß nicht, was in ihr vor sich ging. Vielleicht ja so etwas wie: »Der ist verrückt, der muss einer von uns sein.«

Was auch immer es war, von dem Moment an akzeptierte sie Ingo, und die beiden kommen bestens miteinander klar.

Selbstredend hat Uschi das Sagen. Ingo nimmt das ohne Murren hin. Er ist ihr Freund und Beschützer und nimmt viel Rücksicht auf sie.

Auch die Sache mit dem verletzten Auge erledigte sich bald. Anders als ich es angesichts ihrer Launen erwartet hätte, setzte Uschi während der Behandlung weder den kräftigen Schnabel noch die scharfen Krallen ein. Im Gegenteil, wir machten sogar ein kleines Kunststück daraus.

Ich sagte »Augensalbe«, brachte die Salbe ein, und anschließend gab es eine von den kleinen Mäusen, die sie so gern mag.

Nach kürzester Zeit kam sie ständig angewatschelt und riss die Augen auf, in der Hoffnung, auf diese Weise an Mäuse zu kommen.

Von allen meinen Eulen hat Uschi die größten Allüren. Wehe, ihr passt etwas nicht in den Kram – und das kann eine ganze Menge sein. Dann senkt sie den Kopf, pendelt mit dem Körper hin und her und schiebt das Kinn nach vorn. Ich weiß natürlich, dass Eulen kein Kinn haben. Aber jeder, der Uschi schon mal so gesehen hat, pflichtet mir bei, dass es haargenau so aussieht, als hätte sie eins.

In solchen Momenten gehe ich ihr besser aus dem Weg. Sie kann nämlich mit ihrer berüchtigten Ninja-Blutgrätsche in Sekundenschnelle an der Wade hängen. Das kommt zum Glück selten vor, bei mir hat sie das nur zweimal gemacht, aber Vorsicht ist besser als Nachsicht. Schnee-Eulen sind nicht die intelligentesten Vertreter des Tierreichs, aber Kraft haben sie. Definitiv.

Und was die winzig kleinen Federohren angeht: Sie zeigen sich immer, wenn Uschis Laune den absoluten Tiefpunkt erreicht hat. Das ist der Moment, ihr weiträumig auszuweichen. Ich merke es bei der Gelegenheit ganz deutlich – dann sieht sie nämlich wie ein kleiner Teufel aus.

Uschi lebt derzeit in einer großen Voliere. Ich besuche sie jeden Tag, füttere sie und übe mit ihr. Sie darf sich auch oft mit mir auf dem Gelände frei bewegen, oder sie kommt mit auf einen Spaziergang.

Zu Foto-Workshops nehme ich sie nicht mehr mit, weil Uschi von mir die alleinige Aufmerksamkeit einfordert, und das kann ich ihr bei Veranstaltungen nicht bieten. Früher war sie oft mit dabei, auch in Hotels.

Oft werde ich gefragt, ob sie sich nicht einsam fühlt, weil sie keinen Partner hat. In der Tat hatte ich es mit zwei wunderschönen Terzeln probiert.

Schneulchen war unser erster Versuch, und er war zuckersüß. Um ein Weib zu beeindrucken, laufen Schnee-

Eulen-Terzel ein wenig dümmlich auf dem Boden herum, wackeln dabei mit dem Kopf und machen merkwürdige Geräusche.

Da würde ich auch nicht drauf anspringen. Uschi tat es allerdings, wenn auch anders als geplant. Sie sprang dem Schneulchen mit einer ihrer berühmten Blutgrätschen auf den Rücken und krallte sich fest.

Schneulchen blieben die Anmachgeräusche im Schnabel stecken, und er schrie wie am Spieß.

»Die Uschi tötet das Schneulchen!«, rief Carola, und ich hatte alle Mühe, den zappelnden und schreienden Verehrer zu befreien. Sein Interesse an Uschi hatte sich so weit gelegt, dass er sich lieber in eine Ecke der Voliere verzog. Ich redete auf Uschi ein, sagte ihr, dass das kein gutes Benehmen sei und sie auch nicht wolle, dass jemand derart gemein zu ihr sei. Das Schneulchen schien konzentriert zuzuhören.

Langsam, ganz langsam kam er aus seiner Ecke hervor und schlich um uns herum.

Langsam, ganz langsam fing er wieder mit dem Schnee-Eulen-Anmachgang an, langsam, ganz langsam kamen die Geräusche dazu – und blitzschnell hatte Uschi ihn erneut am Wickel. Natürlich schrie der Arme wieder ganz jämmerlich. Also packte ich Uschi, wand Schneulchen aus ihren Fängen und nahm sie mit nach draußen. Der Terzel erfüllte ganz einfach nicht ihre Erwartungen.

Gut ein Jahr später probierten wir es mit Matti. Seine Voliere lag genau gegenüber, sodass Uschi ihn täglich sehen konnte. Ich war entsprechend guter Dinge und sagte mir, dass es diesmal klappen könnte.

Also ging ich mit ihr in Mattis Voliere. Er saß ganz oben auf einem Ast, fast unter der Volierendecke.

Uschi schritt langsam zur Badebrente und trank und trank.

Eigentlich trinkt sie nie. Diesmal jedoch konnte sie nicht genug bekommen, und Matti sah ihr neugierig dabei zu.

Da hob Uschi langsam und theatralisch den Kopf und starrte Matti so durchdringend an, dass er vor Schreck vom Ast kippte und hysterisch durch die Voliere flog.

Offenbar bekam er schon angesichts ihres Blickes Todesangst. Das Trinken war vermutlich ihr Trick, um ihren Auftritt in Szene zu setzen. Seitdem habe ich Uschis Partnerplanung verworfen. Eulen-Partnerbörsen gibt es nicht, und nicht jedes Weib braucht offensichtlich einen Terzel.

Uschi ist speziell, und man muss sie so nehmen, wie sie ist.

Typisch ist ihre Art, Missgeschicke nicht zugeben zu wollen. In regelmäßigen Abständen fällt sie in den Wassernapf oder macht Bruchlandungen. Dann sieht sie sich sofort nach einem Schuldigen um, und ihre Wut entlädt sich auf Ingo, den klassischen Sündenbock, oder auch mal auf mich.

Oft gibt sie sich unnahbar, ist in Wirklichkeit aber extrem anhänglich, wenn nicht die Anhänglichste von allen. Wenn ich früher auf einem Foto-Workshop war, konnte es passieren, dass Uschi nicht mehr fraß.

Das hat sich inzwischen gelegt, aber ich merke ihr die unglaubliche Freude an, wenn ich zwei Tage fort war und sie mich wiedersieht. Dann springt sie um mich herum und schnattert, und ich sehe, wie ihr Herz hüpft – egal, wie sehr sie das vertuschen möchte.

Immerhin ist es mir gelungen, ihr nach drei Jahren ein richtiges Kunststück beizubringen. Es geht also! Ich kann ihr eine Maus vor den Schnabel halten und sie anschließend auf einen

Baumstamm schicken, wo sie brav wartet. Erst dann bekommt sie die Maus.

Das erweist sich als gar nicht so leicht, wie es vielleicht scheint. Für Eulen ist es eine Herausforderung, an einer Maus erst mal vorbeizugehen, um sie zu bekommen, aber Uschi hat es drauf. Inzwischen springt sie oft direkt auf den Baumstamm und schnattert, wenn ich zur Fütterung komme. Sie zieht das Kunststück also einfach vor, aber wir zwei lassen uns nicht beirren und üben weiter.

Wenn ich etwas von Uschi gelernt habe, dann ist es das Sich-dumm-Stellen. Das beherrscht sie ganz ausgezeichnet, und meiner Erfahrung nach gibt es im Leben so einige Situationen, in denen diese Taktik durchaus angebracht ist und mich ganz klar weiterbringt. Wenn ich an meine Fernfahrer-Zeit zurückdenke, fallen mir all die Momente wieder ein, in denen die Parklücken zu klein und die Züge zu groß waren. Wann immer ich mich dumm stellte, bekam ich sofort Hilfe.

Auch was die Sorge des Arztes anging – die letzten Endes dazu führte, dass Uschi in mein Leben kam –, half es mir, einen auf dumm zu machen. Die Symptome von damals sind bis heute nie wieder aufgetaucht.

Kapitel 14

Klaus-Bärbel

Sibirische Uhu-Weiber sind mit ihren bis zu achtzig Zentimetern Körperhöhe um einiges größer als die Terzel. Da Bärbel als Küken riesige Füße hatte, war ich mir wegen des Geschlechts ziemlich sicher, dass sie ein Weib war. Als allerdings der Rest des Körpers nicht so wuchs wie erwartet, ließ ich einen DNA-Test machen, und es stellte sich heraus, dass sie in Wirklichkeit ein Terzel ist. Vielleicht hätte ich ja stutzig werden sollen, weil sie als Küken der absolute Formel-1-Fan war und die Rennen, die ja meist eine Männerdomäne sind, gebannt im Fernsehen verfolgte … Da Bärbel ihren Namen inzwischen so gut kannte, machte ich kurzerhand Klaus-Bärbel daraus. Wobei »sie« meist Bärbo, Bärbelchen oder Bärbeul gerufen wird und statt des »er« auch das »sie« geblieben ist.

> Der Sibirische Uhu ist weltweit die größte Eulenart. Er zählt zur Familie der Eigentlichen Eulen und zur Gattung der Uhus. Das natürliche Verbreitungsgebiet erstreckt sich über Sibirien und den Osten Russlands, ist jedoch auf kein bestimmtes Habitat begrenzt. Die Terzel erreichen eine Größe von bis zu achtundsechzig Zenti-

metern und ein Gewicht von zweieinhalb Kilogramm, die Weiber bis zu achtzig Zentimetern und über drei Kilogramm.

Eindrucksvoll sind die Schwingen, deren Spannweite einen Meter siebzig betragen kann. Das Federkleid ist gold-grau-bräunlich, der Kopf groß, und die scharfen Augen weisen eine auffällige orangerote Farbe auf.

Bei der Jagd greift der Sibirische Uhu auf sein exzellentes Gehör zurück; die Federohren können bis zu zehn Zentimeter lang sein und signalisieren die Stimmung der großen Eule: Wenn sie sich bedroht fühlt, stellt sie zur Abschreckung die Ohren auf.

Im März 2016 zog das Bärbelchen ein, und ich war überglücklich. Irgendwie war sie gleich meine große Liebe. Wir lagen stundenlang zusammen im Hundekorb mit Ingo und schauten fern.

Mit keiner meiner Eulen hatte ich eine derart intensive und harmonische Küken-Phase wie mit Bärbel. Poldi war schon kein Küken mehr, als ich ihn bekam, Phönix war zu dieser Zeit mit ihrem Bruder Troll zusammen und ein Raufbold. Gandalf hatte ständig Bauchweh und war schon als kleiner Kerl ein Knötterich.

Auch Uschi war bereits älter. Bei ihr kamen die Ängste dazu, die Unsicherheiten, die Panik, aus denen heraus ich sie kaufte, dazu ihr Flügelbruch, ihre Verletzungen und Krankheiten. Irgendwie spiegelte Uschi wohl wider, wie es mir zu jenem Zeitpunkt gesundheitlich ging.

Bei Bärbel lief alles anders. Meine Krankheiten waren vergessen, wir genossen uns gegenseitig und erlebten die Zeit mit Ingo so intensiv. Stundenlang konnte ich zusehen, wenn sie den Wischmopp erlegte, Ingos Rute fing oder den Staubsaugerschlauch festhielt und hineinbiss.

Bärbel schlief bei mir im Bett. Je größer das Tier, desto größer ist jedoch auch die reine Menge der Ausscheidungen. Nach einigen Malheurs baute ich Bärbel aus Laken ein Nest – und stellte jeden Morgen die Kochwäsche an.

Mein Sibirischer Uhu versprühte überall seinen Charme. Ich bestellte mir damals oft mein Essen beim Pizzadienst. Jedes Mal kam ein anderer Fahrer, und immer wollten sie das riesige Eulenküken sehen.

Während ich keine großen Anforderungen an mein Essen stellte, sah das bei Bärbel ganz anders aus. Schon von klein auf hat sie gewisse Allüren. Das Futter muss ansprechend dargereicht werden, ganz nach dem Motto: Das Auge isst mit. Wenn es nicht einwandfrei aussieht, dreht sie den Kopf zur Seite und kommt nicht angeflogen. Ich muss dann nachbessern an der Position im Falknerhandschuh, oder ich muss die Futtermenge erhöhen. Dann denkt sie noch mal darüber nach.

Da Bärbel so viel Kraft hat, trainierte ich von Anfang an auf den Handschuh. Auf dem Handschuh landen bedeutet Futter. Das ist auch insofern gut, als der Handschuh eine Signalwirkung hat. Wie eine Hubschrauberlandefläche, sage ich immer. Natürlich verletzen uns die eigenen Eulen nicht mit Absicht, aber sie müssen sich konzentrieren, um mit ihren Fängen nicht zu fest zuzupacken und sich gleichzeitig festzuhalten, während wir unterwegs sind. Natürlich ritzen die spitzen Krallenenden immer ein bisschen.

Wenn Bärbel und ich nur so herumhocken, nehme ich keinen Handschuh. Um sich festzuhalten, ist es aber für den Vogel viel besser mit Handschuh.

Sibirische Uhus haben im Grunde keine natürlichen Feinde und können Füchse töten. Klaus-Bärbel ist allerdings extrem sensibel und hat bisher so gar nichts Aggressives in ihrem Verhalten.

Ich liebe es, mit ihr zu kommunizieren. Wenn ich sie anspreche, antwortet sie mit einem »Mäh«. In der Balzzeit wird daraus ein »Huhhhh, Huhuuuu«, und ich liebe den Ruf.

Wenn ich spätabends in der Falknerei mit Ingo Gassi ging und eine letzte Runde drehte, hörten uns erst die Poldis und pfiffen, dann wurde Uschi wach und meldete sich mit ihrer Gießkannenstimme. Ein wilder Waldkauz begleitete uns mit seinen Rufen durch die Dunkelheit – und kurz vor dem Tor kommentierte Bärbel unsere Ankunft mit einem tiefen »Huuuuhhhhhh«. Die unterschiedlichen Eulenstimmen waren einfach magisch.

Ich rief dann immer zurück: »Huuuuuh, Bärbo!« Was sie wiederum kommentierte und woraufhin ihr die beiden Uhus in der Falknerei antworteten. Das Eulenkonzert ging noch eine ganze Weile weiter, auch dann noch, als ich schon in meiner Wohnung war, und ich schlief glücklich ein.

Allerdings vermutlich nur ich, die Nachbarn haben mich sicher verflucht.

Norbert, meinen jetzigen Lebenspartner, lernte ich durch Zufall auf Facebook kennen. Wir schrieben Lockeres und Fachliches hin und her, vor allem über Wildlife-Fotografie.

Ich sah ihn bildhaft vor Augen: einen älteren Typen, der in einer Dachgeschosswohnung lebt, in der das Licht durch die Fenster dringt und überall Staubwolken aufwirbeln. Die Möbel Eiche rustikal, keine Freunde. So jedenfalls stellte ich ihn mir vor. Darüber lachen wir heute noch viel.

Er lud mich zum Rehe-Fotografieren ein. Die ersten Termine verschwitzte ich. Als es endlich klappte, sahen wir kein einziges Reh, obwohl er mir versicherte, es gebe dort Hunderte.

Als er mich ein anderes Mal zum Frühstück einlud, kam ich auf der Fahrstrecke nach Grevenbroich an einer aufgelassenen alten Schule vorbei und musste einfach anhalten.

Mit Ingo schlich ich über das Lost-Place-Gelände und überlegte zigmal, ob wir auf der Rückseite wirklich in den Keller des Gebäudes einsteigen sollten oder besser nicht. Dort stand nämlich eine Tür offen.

Obwohl ich ein alter Angsthase bin und Keller mir schon in meiner Kindheit Panik bereiteten, war die Neugier größer. Wahrscheinlich einfach deshalb, weil Ingo bei mir war. Keine drei Minuten später erstarrte ich und wagte nicht zu atmen. Ich war mir sicher, ein Geräusch gehört zu haben.

In der nächsten Sekunde stand mir ein Mann mit einem Boxer gegenüber – und ich schrie wie am Spieß. Er wirkte ebenfalls wie versteinert.

Als wir die Situation erfasst hatten, lachten wir uns schier zu Tode. Er war ebenfalls mit seinem Hund dort herumgeschlichen und wollte ein paar Fotos machen.

Wir tauschten unsere Facebook-Accounts aus, quasselten noch ein bisschen, und dann fuhr ich weiter.

Drei Stunden zu spät traf ich zum Frühstück bei Norbert ein. Nicht in der Dachwohnung, die ich mir ausgemalt hatte, sondern in seinem Haus. Von Eiche rustikal keine Spur.

Wir fuhren wieder los, um Rehe zu fotografieren, und als wir die ersten erblickten, schnappte ich die Kamera, hechtete aus seinem Wagen, über einen Graben hinweg und schmiss mich komplett in den Modder.

Er erzählt heute noch davon, dass er in dem Moment dachte, ich hätte nicht »alle Latten am Rost«.

Erst sehr viel später kamen wir dann zusammen.

Mit meinem Tierwahn kommt er ganz gut zurecht, da er lange Zeit selbst eine Wildtierauffangstation leitete und durch diese Tätigkeit auch immer wieder Anrufe wegen verletzter Tiere kommen. Ich habe viel von ihm gelernt über die wilde Vogelwelt, auch Einzelheiten, auf die ich früher nicht geachtet hatte. Inzwischen weiß ich: Wenn ich eine bestimmte Vogelart suche, muss ich häufig auf die anderen Vögel in der Umgebung achten. Auch hat er mir beigebracht, wie ich die verschiedenen Weihen-Arten unterscheiden, den Ruf der Singvögel auseinanderhalten und Brutplätze finden kann.

Bei meinem Umzug aus der Falknerei nach Grevenbroich holte ich Bärbel als Letzte nach. Sie hatte sich bei einem Sturm verletzt, und Carola, die wegen eines anderen Vogels täglich in die Klinik fahren musste, nahm Bärbel kurzerhand mit. Es bot sich auch deshalb an, weil die reine Fahrzeit von meinem neuen Wohnort zur Klinik und zurück einfach zu viel Zeit gekostet hätte. Bärbel kannte Carola, sie kannte die Klink, und ich hätte nie angenommen, dass sie mir das krumm nehmen könnte – aber sie tat es.

Als es so weit war und sie in ihre riesige, wunderschöne Voliere kam, dachte ich natürlich, sie würde sich darüber freuen.

Stattdessen blieb Bärbel aber verdächtig ruhig. Kein Ton, keine Antwort, kein Blick. Unverzüglich flog sie nach ganz oben in den Horst – und die Voliere ist ziemlich hoch.

Gut, eine Eingewöhnungszeit braucht jeder, dachte ich mir. Aber ich ahnte nicht, dass es so schlimm kommen sollte. Tags darauf bekam ich diese extreme Grippe, die halb Deutschland lahmlegte. Ich konnte kaum aus dem Bett aufstehen, aber ich schleppte mich zu Bärbel.

Sie saß oben in ihrer Ecke. Fressen wollte sie nicht. Auch nicht an den folgenden Tagen.

Ich flehte sie regelrecht an, sie solle runterkommen, aber sie zeigte keinerlei Regung.

Es herrschten Minusgrade, und ich überlegte dennoch, ob ich mir eine Matratze in ihre Voliere legen sollte, um bei ihr zu schlafen. Aber mein Fieber kletterte weiter in die Höhe. Es war zum Verzweifeln.

Auch die nächsten Tage bewegte sie sich nicht vom Fleck und fraß nicht.

Irgendwann beschloss ich: Wenn sie heute nicht herunterkommt, müssen wir sie holen. Das wollte ich allerdings vermeiden. Vertrauen und Sicherheit sind die wichtigsten Punkte in unserer Beziehung, und das wollte ich nicht zerstören, indem ich gegen ihren Willen handelte.

Mit Herzklopfen schleppte ich mich zur Voliere. Lebt sie überhaupt noch?, dachte ich voller Angst.

Ich schloss auf, trat in die Voliere – und Bärbelchen kam angeflogen.

»Mäh, Mäh!«, rief sie lauthals und umarmte mich, wie sie es früher immer getan hatte. Sie flog auf meine Hand, schmiegte den Kopf an meine Schulter und legte die weiten Schwingen halb um mich. Die Tränen schossen mir nur so aus den Augen – bis mir einfiel, dass sie eher fressen sollte, als mich zu trösten. Das tat sie dann zum Glück auch, und alles war wieder wie vorher.

Inzwischen fühlt sie sich in ihrer Voliere richtig wohl.

Abends, wenn ich bei meinen Eulen und Phönix die Runde drehe, ist sie immer die Letzte, die ich besuche. Dann haben wir ein bisschen Extra-Zeit.

Wir sitzen da, hören dem Vogelgezwitscher und den Fröschen zu. Halten einfach die Zeit an und genießen die Ruhe, den Wind und das absolute Nichtstun und Nichtsdenken. Wir sind wie in einem Vakuum, völlig von der Außenwelt abgeschlossen, voller Zufriedenheit.

Bärbel vereint viele Gegensätze in sich. Sie ist groß und stark und gleitet schwerelos dahin. Mit ihrem kräftigen schwarzen Schnabel und den messerscharfen Fängen könnte sie Füchse erlegen, doch ist sie voller Sanftmut. Sie ist eine wahre Persönlichkeit, doch wenn ihr etwas unheimlich ist, sucht sie Zuflucht auf meiner Hand und birgt den Kopf an meiner Schulter.

Als ich ein Foto von meinem Sibirischen Uhu und Poldi machen wollte, hatte Carola Sorge, Bärbel könne dem kleinen Steinkauz etwas antun. Der Größenunterschied zwischen den beiden Eulen ist beträchtlich. Niemals würde ich meine Tiere in Gefahr bringen, aber ich wusste, dass ich Bärbel vertrauen konnte. Zur Sicherheit stellte sich Carola neben uns.

Es war ein Erlebnis, diese beiden so unterschiedlichen Eulen dicht nebeneinander zu sehen. Poldi reichte Bärbel gerade mal bis zu den Füßen und wirkte alles andere als eingeschüchtert. Dann sah ich, wie Poldi plötzlich den Kopf hob und Bärbel anstarrte. Als diese seinen Blick auffing, bekam sie einen Riesenschreck und rettete sich flugs auf Carolas Arm.

Hunde nähern sich Bärbel intuitiv nicht, doch wie immer bildet Ingo eine Ausnahme. Wenn Ingo und Bärbel zusammen sind, spüre ich die Zuneigung, aber auch den Respekt, den beide füreinander haben. Sie kuscheln nicht, sondern halten Abstand. Dennoch sind sie sich nahe und verständigen sich auf ihre Weise.

Bärbel schenkte mir eine solche Unbeschwertheit, und sie tut es heute noch, mit ihrer liebenswerten Art. *Seiner* liebenswerten Art.

Mit Bärbel sitzen Ingo und ich oft einfach nur da. Am See, auf der Waldlichtung … Sie strahlt eine unglaubliche Ruhe und Güte aus, die mich wirklich ehrfürchtig macht. Langsam, wie in Zeitlupe, dreht sie den Kopf und sieht mich an. Nein, sie schaut durch mich hindurch, bis ganz tief in meine Seele …

Wenn sie erhaben herbeischwebt, lautlos landet und den Kopf zu mir dreht, um mich aus ihren großen rot-orangefarbenen Augen anzusehen, bleibt für mich die Zeit stehen.

Immer hektisch, immer ruhelos, wie Ingo und ich sind, entschleunigt Bärbo unser Leben. Sie geht einfach nicht auf unser Herumgehetze ein, und so lassen auch wir endlich los.

In turbulenten Phasen wie auch in Zeiten von Angst und Unsicherheit gibt sie Ingo und mir Ruhe und Kraft.

Kapitel 15

Lenni

Mein Raufußkauz Lenni ist 2018 verstorben. Wie kein anderer konnte er mich zum Schmunzeln und zum Lachen bringen. Mir fehlt sein »Fuut-fuut«-Ruf so unendlich, und beim Schreiben kommen mir die Tränen.

Lange habe ich damit gehadert, ob ich mir wieder einen Raufußkauz holen sollte, und brachte es nicht übers Herz. Ein befreundeter Züchter schrieb mir, er habe zwei Gelege, ich solle doch wieder einen nehmen. Tagelang überlegte ich, was sonst nicht meine Art ist, und sagte zögernd zu. Beide Gelege blieben leer.

Es war wie ein Wink des Schicksals – Lenni ist einfach nicht zu ersetzen.

Raufußkäuze zählen zur Familie der Ohreulen und Käuze. Sie bewohnen vorzugsweise die zirkumpolaren nördlichen Nadelwälder und Altbaumbestände, wo sie vom Vorkommen des Schwarzspechts als Quartiermacher profitieren. Im Altholz finden sie auch Naturhöhlen zum Brüten; der schwindende natürliche Lebensraum bedroht jedoch den Bestand der Tiere.

Das dunkle Gefieder mit den weißen Tupfen und der helleren Brust bietet Raufußkäuzen eine perfekte Tarnung im Nadelwald. Auffallend ist der helle Gesichtsschleier, der schwarz-braun umrandet ist. Die Augen sind leuchtend gelb.

Natürliche Feinde der kleinen Eule sind zum Beispiel die Baummarder, die für die Aufzucht ihrer Jungen um die Baumhöhlen konkurrieren und Raufußkauz-Gelege sowie Jungtiere fressen.

Der bis zu vierundzwanzig Zentimeter große Raufußkauz ernährt sich mit Vorliebe von Mäusen und gelegentlich von Kleinvögeln. Sein Name geht auf die ungewöhnliche Befiederung der Zehen zurück, die bis dicht an die Krallen reicht und auf die alte Bezeichnung für Pelz (Rauchwaren) zurückzuführen ist. Er hat somit keine rauen Füße, sondern »Rauchfüße«.

Im Juli 2017 wohnte ich noch in Remscheid, pendelte aber zwischen meiner Wohnung und Grevenbroich hin und her. Es ging mir unheimlich gut. Ich hatte eine neue Beziehung, mein Buch kam bestens an, und in das Glück hinein kam Lenni, der Strahlemann. Es ging gar nicht anders, ich musste ihn einfach lieb haben, und er zauberte jedem ein Lächeln ins Gesicht.

Von klein auf war er so neugierig, dass er auch dann noch die Augen aufriss, wenn er sich vor Müdigkeit kaum mehr aufrecht halten konnte. Ich nannte ihn Leonard Hofstadter, kurz: Lenni. Als Küken passte er in meine hohle Hand, sein Flaum war ganz dunkel. Typisch für ihn waren die rhythmischen Bewegungen, mit denen er seinen winzigen Körper mit dem riesigen Kopf hin und her schwang. Die Augen von Eulen sind unbeweglich, daher dienen die Bewegungen von Kopf und Körper dazu, Scanpunkte zu setzen, um durch die unterschiedlichen Perspektiven ein dreidimensionales Bild der Umgebung zu erzeugen. Je enger die Augen zusammenstehen, desto mehr Scanpunkte müssen gesetzt werden. In Lennis Fall artete das in wahre Tänze aus.

Eulen großzuziehen bedeutet, wenig Schlaf zu bekommen. Während die Habichtartigen nachts schlafen, brauchen Eulen weiterhin regelmäßig ihre Mahlzeiten. Mitunter ist das ziemlich anstrengend für mich, aber inzwischen bin ich es gewohnt, dass die Eulenküken, die neben meinem Bett schlafen, mich lautstark aufwecken. Daher muss ich mir auch keinen Wecker stellen.

Nach der ersten Nacht mit Lenni wachte ich unvermittelt auf und starrte auf die Uhr. Es war bereits acht, ich hatte verschlafen! Voller Panik sah ich in den Karton – und da saß Lenni, blickte mich mit großen Augen an und hauchte ein verzweifeltes »Fuut-fuut«. Er war einfach zu leise, ich hatte ihn nicht gehört. Der arme Kerl!

Was ihm an Stimmvolumen fehlte, machte er bald durch seine Energie wett. Wenn alle müde waren, war Lenni fit. Und zwar richtig. Als er kleiner war, beschäftigten wir uns notgedrungen die halbe Nacht mit ihm. Er drehte immer mehr auf, während Ingo und mir fast die Augen zufielen. Später konnte er sich in seiner Voliere selbst beschäftigen und turnte in bester Laune herum.

Weil er so witzig war, bekam er jede Menge Spitznamen. Einer davon lautete »Pluderhose«, wegen seines pludrigen Beingefieders. Auch »Bademeister« war einer der Klassiker, denn Lenni liebte das Wasser und seine Badeschale.

Eine seiner eher seltsam anmutenden Angewohnheiten bestand darin, tote Mäuse nach Fellfarben zu sortieren. Er ging dabei dermaßen in seiner Aufgabe auf, dass er ringsum nichts mehr mitbekam.

Wenn er am Ende feststellen musste, dass inmitten des weißen Stapels eine braune Maus lag, ordnete er völlig schockiert alles wieder von vorn.

Lenni fühlte sich überall und mit jedem wohl, und mit Gandalf kam er bestens klar. Bis nach dem Winter.

Gandalf verbrachte nach wie vor den Winter über im Haus. Bevor ich ihn im Frühjahr 2018 zu Lenni setzte, sah ich nach, ob sich auch keine Mäuseburg mehr in der Voliere auftürmte. Lenni betrieb nämlich Vorratshaltung. Im Winter, wenn es kalt ist, gebe ich meinen Eulen meist so viel zu fressen, wie sie wollen.

Sie haben eine Körpertemperatur von vierzig Grad, was bedeutet, dass sie viel Energie brauchen, und das wiederum verlangt viel Futter. Vor allem kleine Eulen sind auf zusätzliche Energie angewiesen. Lenni nutzte das, um Vorratsburgen für harte Zeiten anzulegen.

Jedenfalls durchsuchte ich die Voliere und war mir sicher, dass er nichts mehr gebunkert hatte. Die Begrüßung zwischen Gandalf und Lenni fiel zurückhaltend, aber durchaus freundlich aus. Ich kehrte ins Haus zurück, als ich plötzlich eine laute Schreierei vernahm. Beunruhigt raste ich nach draußen.

Lenni und Gandalf hatten sich am Wickel.

Lenni hatte wohl noch eine winzige Mäuseburg in einer der Hütten versteckt, die ich übersehen hatte, und Gandalf hatte sie entdeckt. Vor dem Winter wäre das kein Problem gewesen.

Gandalf war wie ein großer Bruder für Lenni, aber in den vergangenen Monaten hatte mein Raufußkauz an Selbstbewusstsein zugelegt und ließ es nicht zu, dass Gandalf sein Lager plünderte.

Die beiden problemlos allein zu lassen war ab diesem Zeitpunkt nicht mehr möglich.

Das Schönste war Lennis munteres »Fuut-fuut« jeden Morgen, wenn ich aufwachte und auf die Terrasse trat. Dann hüpfte und trällerte er bereits in seinen Pluderhosen auf der Stelle. Er war so unverkennbar, so rein und ohne jeden Argwohn. Er turnte ganz selbstverständlich auf Ingo herum und nutzte Ingos Stirn und Nase als Startbahn für seine Erkundungsflüge.

Lenni tat uns allen so gut.

Ich erinnere mich ganz genau an den Tag, als Lenni starb. Ein Tag im August, ein Tag wie jeder andere. Mein Fortsetzungsbuch *Liebe verfliegt nicht* war bereits im Druck, und darin spielte Lenni eine große Rolle. Für den nächsten Tag hatte ich einen Foto-Workshop geplant.

Lenni war so lustig und aufgedreht, dass ich zu Norbert sagte: »Ich glaube, ich nehme Lenni auch mit zum Workshop.« Unsere Terrassentür steht meist offen, und Ingo rennt abends immer noch mal kurz im Garten herum, um sich dann neben mich zu legen. Irgendwie war er an diesem Abend unruhig. Ich dachte, es liege an der Hitze. Der Sommer war so heiß, und es wollte einfach nicht abkühlen.

Aber Ingos Verhalten war ungewöhnlich, er wirkte aufgeregt. Ich ging mit ihm nach draußen, in die warme Luft. Es war längst dunkel. Ingo lief sofort zu Lennis Voliere. Spätabends gehe ich gewöhnlich nicht mehr zu den Eulen, damit sie nicht denken, ich will vor dem Schlafengehen noch eine Spielrunde einlegen. Ich habe keine Ahnung, warum ich es an diesem Abend dennoch tat. Ich bin niemand, der an Übersinnliches oder an Vorsehung glaubt. Dennoch zog es mich zu Lenni.

Bei seiner Voliere angekommen, sah ich, dass er auf einem der unteren Äste saß und schlief.

»Komm, wir gehen! Wir wollen Lenni nicht wecken«, flüsterte ich Ingo zu und drehte mich um.

Mitten in der Bewegung erstarrte ich. Lenni nicht wecken? Der kleine Kerl hörte uns bereits, noch bevor wir den ersten Schritt in den Garten gesetzt hatten. Ich drehte mich blitzartig um und starrte ihn voller Sorge an.

»Lenni?«, rief ich, es klang hysterisch.

Er öffnete ein Auge und sah mich verschlafen an.

Erleichtert riss ich die Volierentür auf und meinte: »Ja, sag mal, hast du so fest geschlafen, dass du uns nicht bemerkt hast? Du hast uns einen Riesenschrecken eingejagt.«

Ingo drückte sich an mir vorbei und stupste Lenni mit der Nase sanft am Bauch an. Lenni torkelte. Ich erschrak zu Tode und fing ihn auf. Vermutlich wäre er sonst vom Ast gefallen.

Jetzt wurde ich panisch und rief: »Lenni, was ist los?«

Ich hatte die Taschenlampe dabei und betrachtete ihn genauer. Dann nahm ich ihn vorsichtig in die Hand und bettete ihn an meine Schulter. Matt ließ er das Köpfchen auf mich fallen, und in diesem Moment wusste ich, er würde sterben.

Ich ging nach drinnen, die Kehle wurde mir eng. Leise sagte ich zu Norbert, der vor dem Fernseher saß: »Lenni stirbt.« Mehr brachte ich nicht heraus.

Mein Freund sah mich verblüfft an. Dann lachte er, denn er hielt meine Worte für einen Scherz. »Klar, Lenni stirbt«, sagte er. »Wieso sollte Lenni denn plötzlich sterben?« Dann aber sah er ihn an meiner Schulter.

Ich gab ihm Lenni und holte schnell eine Decke.

Als Norbert ihn mir zurückreichte, sagte er: »Ich fürchte, du hast recht. Wie kann das sein?«

Wir überlegten, ob wir in eine Klinik fahren sollten, aber wir waren beide erfahren genug, um zu wissen, dass seine Rettung eine Illusion war. Wenn man bei einer kleinen Eule sieht, dass es zu Ende geht, dann geht es zu Ende. Die Zeit reicht nicht, um in eine Klinik zu fahren. Und Möglichkeiten, das kranke Tier in diesem Stadium noch zu retten, gibt es in solchen Fällen nicht. Man setzt das Tier einem zusätzlichen Stress aus. Sterben ist ein natürlicher Prozess, und es ist wichtig, dem Tier den Raum zu geben, statt aus der eigenen Verlustangst heraus Maßnahmen zu ergreifen, die längst keine Wirkung mehr zeigen. Lenni sollte nicht im grellen Licht der Klinik und voller Hektik sterben.

Mit einem Mal wurde ich ganz ruhig, nahm die Decke und legte mich aufs Sofa.

Ingo kam zu mir und schob die Nase an meinen Arm, in dem Lenni lag und ruhig atmete, als schliefe er nur. Ich merkte, wie seine Atmung nach und nach schwächer wurde. Er war ganz friedlich und ohne Angst oder Schmerzen.

Plötzlich war es still. Mein Herz blieb stehen. Das Schlimmste aber war, dass Ingo es auch bemerkte und Lenni anstupste, als wolle er sagen: »Steh jetzt auf!«

Aber Lenni stand nie wieder auf.

Mein Verdacht war das Usutu-Virus. So viele Eulen, Amseln und andere Vögel starben 2018 daran.

Vernunfthalber hätte ich Lennis Leichnam einschicken sollen, aber das brachte ich nicht über mich. Ich wollte nicht, dass er seziert wurde. Er hatte in seinem ganzen Leben keine Angst, und er sollte auch im Tod keine Angst haben, sagte ich mir, auch wenn ich wusste, er hätte es nicht mehr mitbekommen. Dennoch zerriss mir allein die Vorstellung das Herz. So begrub ich ihn am Morgen mit Ingo im Garten.

Vorher musste ich noch meinen Workshop-Teilnehmern mitten in der Nacht Nachrichten schreiben, dass die Veranstaltung nicht stattfinden würde. In dem Moment wusste ich nicht, ob es jemals wieder einen Workshop geben könnte.

Tiere sind nur eine begrenzte Zeit bei uns, aber wenn sie gehen, stirbt immer auch ein kleines Stück des eigenen Lebens. In solchen Momenten überholt uns die Vernunft.

Manche sagen, es war nur eine Eule, mein Gott, stellt die sich an! Nein, es war Lenni, und sein Tod war so ungerecht. Er war noch jung, brachte nichts als Freude, und er war ein wichtiger Teil meines Lebens.

Monate später erfuhr ich auf Umwegen, einige sogenannte Freunde hätten verbreitet, Lenni sei längst tot gewesen, und ich hätte mit meinen Postings in den sozialen Medien nur so getan, als würde er noch leben. Das hat mich so hart getroffen.

Warum sollte ich so etwas tun? Und wie kommt jemand dazu, solchen Unsinn zu verbreiten? Ich befürchte, die missgünstigen Menschen werden nie aussterben.

Was ich von Lenni für mein Leben lernte, sind Unbeschwertheit und Leichtigkeit. Die Dinge so zu nehmen, wie sie sind. Ohne Angst, ohne Argwohn.

In jedem Leben gibt es Tiefpunkte und schwere Momente.

Meine Tiere spüren genau, wie es mir geht, und sie reagieren ganz unterschiedlich darauf, wenn mich etwas runterzieht.

Der immer aufgedrehte Ingo wird extrem anhänglich. Er weicht mir sowieso nie von der Seite, aber wenn es mir nicht gut geht, wird er ganz still und legt den Kopf auf mich. Auch Phönix, Poldi, Gandalf, Uschi und Bärbel sind wesentlich ruhiger, sie suchen Nähe und Berührungen. Auch wenn sie sonst mal Raufbolde sein können, halten sie sich in solchen Situationen eher zurück.

In Lennis Gegenwart aber konnte ich nicht anders, als alles, was mich bedrückte, einfach wegzuschmunzeln.

Kapitel 16

Rüdiger & Lusi-Lu

Rüdi

Mein Habichtskauz Rüdiger ist ein hektischer kleiner Kindskopf mit riesigen Knopfaugen und einem Unschuldsblick. Unschuldig ist er auch in seinem Wesen; Habichtskäuze gelten eigentlich als aggressiv, aber an Rüdi habe ich bisher nichts Derartiges festgestellt.

Der Habichtskauz gehört zur Familie der Eigentlichen Eulen und hat Ähnlichkeit mit dem Waldkauz, wenngleich er mit bis zu achtundfünfzig (Terzel) beziehungsweise einundsechzig (Weib) Zentimetern um einiges größer und von der Gefiederfärbung her heller ist. Der Gesichtsschleier ist auffallend hell, zart gestrichelt und weist einen dunkleren Mittelstrich an der Stirn auf. Der Schnabel ist gelb, die Augen sind eher klein und schwarzbraun.

In seinem natürlichen Habitat lebt der Habichtskauz überwiegend in der Taiga von Schweden ostwärts bis nach Japan. In Deutschland ist er vor rund einhundert Jahren ausgestorben; durch ein Wiederansiedlungsprojekt im Nationalpark Bayerischer Wald lebt dort derzeit etwa ein Dutzend Brutpaare.

Da Habichtskäuze knapp über dem Boden jagen, werden ihnen insbesondere der Straßenverkehr und Zäune zum Verhängnis. Auch die intensive Fortwirtschaft hat einen negativen Einfluss auf den Bestand des Waldbewohners.

Habichtskäuze haben mich seit jeher fasziniert. Ihr Blick ist geradezu magisch.

Rüdi kam im Juni 2018 zu mir, als ich bereits in Grevenbroich lebte und die Möglichkeit hatte, große Volieren zu mieten. Auch wollte ich beim Habichtskauz-Wiederansiedlungsprojekt mitmachen, an dem sich verschiedene Zoos, Falkner und Falknereien beteiligen. Leider ist es mir bislang noch nicht gelungen, eine Frau für Rüdi zu finden – aber das Projekt ist nur aufgeschoben, nicht aufgehoben.

Die ersten Monate des Jahres 2018 waren eine arbeitsreiche Zeit. Ich fotografierte viel und schrieb an drei Büchern gleichzeitig – *Liebe verfliegt nicht, Im Bund mit den Herrschern der Lüfte* über die Beizjagd sowie dem Fotografie-Buch *Through the Lens: Eulen & Greifvögel fotografieren.* Irgendwie machte es mich konfus, weil Buchautorin doch mein allererster Berufswunsch gewesen war und ich ihn all die Jahre völlig aus dem Blick verloren hatte. Auch wenn man davon nicht reich wird, wie ich es mir damals mit meinem kindlichen Gemüt ausgemalt hatte, wäre meine Oma sicher sehr stolz auf mich gewesen, hätte sie noch gelebt.

Als Rüdiger ein Küken war, nannten wir ihn liebevoll »unsere kleine Pusteblume«, weil er das sanfteste Gefieder von allen hatte.

Ich habe die Angewohnheit, an allen meinen Tieren zu riechen, und liebe ihren unterschiedlichen Duft. Bei Rüdi atmete ich jedes Mal die weichen Federn ein und aus. Er beobachtete mich staunend aus seinen rot geränderten dunklen Augen, und die Art, wie er schaute, ist ihm bis heute geblieben.

Ingo ging mit Rüdi besonders behutsam um und versuchte immer vorsichtig, die Pfote auf ihn zu legen. Er duldete es auch, dass Rüdi auf seinen Kopf sprang und an seinen Oberschenkeln Greifübungen machte.

Niemals würde ich die Eulen auf Ingos Kopf setzen, wie mir vielfach unterstellt wird. Sie lieben es einfach, auf die höchste Stelle zu fliegen, und fühlen sich bei Ingo sicher und vielleicht auch ein bisschen überlegen, wenn sie die Welt von der höheren Warte aus betrachten können. Ingo jedenfalls hat kein Problem damit.

Wie Bärbel ruft Rüdi »Huuuuh«, doch um vieles leiser. Ansonsten hat er nicht viel mit ihrem erhabenen, ruhigen Wesen gemeinsam.

Von seiner Art her ist Rüdi fahrig und unkonzentriert. Vor lauter Neugier fokussiert er sich ständig auf etwas Neues, er lebt sozusagen voll und ganz im Augenblick.

Wenn er ein Rotkehlchen sieht, vergisst er, sein Futter runterzuschlucken, und wenn ein Schmetterling vorbeifliegt, lässt er vor lauter Schmetterlingsbeobachtung die Maus aus seinen Fängen fallen.

Auch wenn Rüdi und ich unterwegs sind, kommen diese Eigenschaften zum Tragen. Er sieht all die Dinge in unserer Umgebung, die ich längst ausblende. Manches davon fasziniert ihn, anderes kann er partout nicht leiden, so zum Beispiel den Wind, der ihm das Gefieder aufplustert.

Einmal entdeckten wir ein Stück voraus eine riesige Baumwurzel. Ich überlegte, Rüdi dorthin fliegen zu lassen. Es wehte ein frisches Lüftchen, und während wir uns der Wurzel näherten, wurde der Wind zunehmend stärker. Nach einmal Fliegen setzte sich Rüdi ganz still neben mich und sah mich eindringlich mit großen Augen an.

Zu jedem anderen hätte ich gesagt: »He, das bisschen Wind! Wir sind doch keine Weicheier.«

Rüdi aber sah mich weiterhin nur an, und so sagte ich schließlich leise: »Hast recht, wir gehen zum Auto zurück.« Was wir zu seiner Zufriedenheit dann auch taten.

Mein Habichtskauz steht oft neben sich und ist dabei so unschuldig und rein. So fern von jedem Bösen.

Natürlich kann sich sein Verhalten noch ändern. Wenn es mit der Zucht klappen sollte, wird er seine Jungen mit aller Kraft verteidigen, und das ist auch gut so.

So jung er auch ist, hat Rüdi mir doch einiges über das Leben beigebracht. Von ihm lerne ich ganz selbstverständlich Sanftheit und Güte. Er verkörpert völlige Unschuld und dennoch einen ausgeprägten Stolz – Eigenschaften, die ich an ihm bewundere und die immer dann auf mich abfärben, wenn wir gemeinsam unterwegs sind und ich Fotos von ihm mache. Dann sitzen wir in den abgemähten Feldern und betrachten den Sonnenuntergang, und selbst Rüdi wird für einen Moment still.

LUSI

Meine Schleiereule Lusi-Lu ist eine kleine Vorwitznase. Alles, wirklich alles interessiert sie. Immer muss sie um die Ecken linsen, um ja nichts zu verpassen.

> Schleiereulen sind weiter verbreitet als jede andere Eulenart und überleben in den unterschiedlichsten Regionen. Nur kalte, schneereiche Winter können den Tieren zum Verhängnis werden. Die Population der sogenannten Bodengreifer ist abhängig von der Anzahl an Beutetieren, insbesondere Mäusen, und wirkt sich auf die Anzahl der Eier eines Geleges aus. In besonders nahrungsreichen Jahren können die Weiber bis zu elf Eier legen und sogar zweimal im Jahr brüten.
>
> Schleiereulen werden bis zu vierzig Zentimeter groß und wiegen nicht mal vierhundert Gramm. Das Gefieder ist gelbbraun und an der Unterseite weiß. Ihren Namen verdanken die Vögel dem herzförmigen hellen Gesichtsschleier. Das trichterförmige Gesicht sammelt die Schallwellen und leitet sie den unter dem Federkleid verborgenen Ohren zu. Das linke Ohr der Schleiereule sitzt ein klein wenig höher als das rechte, was ihr hilft,

Geräusche präzise zu orten. Das Gehör ist zehnmal schärfer als das von Menschen.

Ihr Flug ist langsam und lautlos. Teilweise schweben sie wie Kolibris in der Luft.

Lusi kam einfach so in mein Leben. Ein Bekannter züchtet Schleiereulen und erzählte mir, er habe ganz viele Jungtiere. Schließlich fragte er, ob ich nicht ein paar von ihnen großziehen wolle, die er dann verkaufen würde.

Das aber war nichts für mich, mir fällt es einfach zu schwer, mich wieder von den Tieren zu trennen, zu denen ich eine Bindung aufgebaut habe. Aber eine könnte ich ja nehmen, dachte ich mir, und so kam es dann auch.

Im Oktober 2018 war es so weit. Ich nannte das Schleiereulenküken Lusita, nach meiner Freundin. Als Küken war sie unglaublich putzig mit ihrem herzförmigen Gesicht und dem wuscheligen weißen Flaum. Bald stolzierte sie wahlweise neugierig umher oder kuschelte sich hingebungsvoll an mein Gesicht, um sich kraulen zu lassen. Allerdings stellte sich genau wie bei Bärbel bald heraus, das Lusi ein Terzel ist, und so taufte ich Lusita auf Lusi-Lu um. Ich bin gespannt, was wir mit ihr noch alles erleben werden.

Schleiereulen sind mit die sozialsten Eulen, die Nähe wie keine andere Eulenart genießen und auch einfordern. Lusi tut das regelmäßig und nicht etwa, weil sie Futter bekommt, sondern weil sie so anschmiegsam ist.

Sie liebt es, auf mir herumzuturnen, und wegen ihrer Neugier muss sie alles inspizieren: Haare, Ohrläppchen, Knöpfe, Reißverschlüsse …

Während ich Anfang 2019 wegen meines gebrochenen Fußes das Bett hüten musste, war Lusi-Lu gerade an mich gewöhnt, und wir hatten mit dem Flugtraining begonnen. Von meinem Krankenbett im Wohnzimmer aus beobachtete ich sie in der Voliere im Garten und hatte Sorge, dass die Vertrauensarbeit, die wir geleistet hatten, umsonst gewesen sein könnte. Doch nach kurzer Zurückhaltung war sie so anhänglich wie zuvor. Inzwischen hat sie tatsächlich eine gewisse Eifersucht den anderen Tieren gegenüber entwickelt und hätte mich am liebsten ganz für sich allein.

Mit gruseligen Fauchgeräuschen und rhythmischem Trampeln versucht sie mich immer in ihre Hütte zu locken – ich lehne dankend ab.

Früher bewunderte ich einen Falkner, dessen Schleiereule auf eine Frage von ihm hin tatsächlich den Kopf schüttelte, als wollte sie Nein sagen. Ich überlegte lange Zeit, wie er ihr das wohl beigebracht hatte, und kam einfach nicht drauf. Weder Poldi noch irgendeine andere meiner Eulen schüttelt den Kopf. Bis Lusi in unser Leben trat und den Kopf schüttelte, einfach so. Da wurde mir klar, dass diese Bewegung kein Kunststück ist, sondern typisch für ihre Art. Was die Geste bedeutet? Ich weiß es nicht. Lusi setzt sie jedenfalls als Drohung ein.

Neulich arbeiteten wir im Garten, und Lusi saß bei uns. Immer wenn ihr ein Fremder zu nahe kam, schüttelte sie den Kopf und nahm eine Drohhaltung ein. Wenn ich zu ihr ging, war das kein Problem, und natürlich drohte sie mir auch nicht.

Die Geräuschpalette von Lusi-Lu ist unnachahmlich. Ganz ehrlich? Hätte ich Schleiereulen unterm Dach, hätte ich manchmal auch Angst. Ihr Ruf könnte jeden Gruselfilm effektvoll untermalen.

Dazu kommt, dass Schleiereulen geradezu sexbesessen sind: Bei jeder Mausübergabe an die Dame des Hauses wird Sex eingefordert, und das ist oft, ziemlich oft. Von solchen Anwandlungen ist Lusi momentan allerdings weit entfernt, aber vielleicht zieht ja mal eine Dame bei uns ein.

Lusi-Lu ermuntert mich, immer neugierig zu bleiben. Alles zu verfolgen, was meine Aufmerksamkeit fesselt. Nichts im Leben zu verpassen. Und notfalls die eigenen Ziele mit kleinen Attacken durchzusetzen.

Kurz vor meinem Unfall spazierte ich mit Lusi und Ingo in einen Bereich des Tagebaus, in dem ich früher oft mit einigen Falknern unterwegs gewesen war, unter anderem mit dem verstorbenen Freund. Auch mit Ingo habe ich hier schon viele Fotos gemacht. Ich wollte im Sonnenuntergang über das schöne Tal blicken. Ringsum war es von riesigen Erdhügeln umgeben, Sand- und Kiesboden sowie trockenen Pflanzen. In der Mitte lag ein kleiner See, der wie eine Oase wirkte und um dessen Ufer vom Frühjahr bis spät in den Herbst hinein alles blühte. Manchmal standen die Rehe im Rudel am Wasser, auch Füchse und zahlreiche Kaninchen waren dort unterwegs. Der Uhu brütete im Tal, und ich sah regelmäßig Turmfalken und auch Weihen.

Als ich mit Ingo und Lusi an jenem Abend die Schranke passierte und mich auf unseren gewohnten Hügel setzen wollte, in der Hoffnung, einige Rehe am Wasser zu sehen, erschrak ich. Das Tal war fast zugeschüttet worden. Der See war nahezu restlos verschwunden, nur ein winziger Teil lag noch nicht brach. Traurig sah ich hinab auf das einst so schöne Gebiet. Irgendwie hatte ich ein beklemmendes Gefühl, wie schnell sich alles im Leben ändern kann. Ingo legte sich neben mich und ließ den Kopf auf mein Bein sinken.

Lusi war zu jenem Zeitpunkt noch zu jung, um meine Beklemmung zu spüren. Sie pendelte mit dem Kopf hin und her, um ja jeden Falken, jeden Schmetterling und jedes Rotkehlchen zu erspähen.

Die Sonne stand schon tief, das Gefieder ihrer Flügel schimmerte seidig im Licht. Es hatte die gleiche Färbung wie die Sandschichten in der Grube.

Ich folgte Lusis Blick und entdeckte den Fuchs, der mit seinem braunen Fell fast unsichtbar war vor den Schichten aus Lehm. Weit über ihm drehte ein Bussard seine Kreise.

Lusi drehte den Kopf zur Seite und schmiegte sich an mich. Ein Habicht war auf einem nahen Pfahl gelandet. Sie schwang den Kopf hin und her, um ihn genau zu beobachten. Mir lief eine Gänsehaut über den Körper, der Habicht war so ausdruckstark und hochkonzentriert. Er ist einer der faszinierendsten Vögel, die ich kenne, der mutigste aller Greife. Blitzschnell verließ er seine Ansitzwarte und schoss hinab, um zu jagen.

Das Leben kann sich jeden Moment ändern. Für die Beute, für die Tiere, deren Lebensraum schwindet, für uns alle. Wir haben immer nur das Jetzt. Wenn ich in der Vergangenheit verweile, verliere ich den Blick für die Gegenwart. Für den Moment mit seinen Überraschungen. Auf bestimmte Weise ist dies eine Botschaft für mein ganzes Leben. All das, was in meiner Kindheit geschah und nicht geschah, kann ich nicht mehr ändern. Die Eulen aber holen mich immer wieder in das Hier und Jetzt zurück …

Kapitel 17

Alle meine Patienten

So glücklich es mich macht, mich mit Tieren zu umgeben, so unbeständig ist mein Leben, so voller unvorhergesehener Momente.

Es gibt Nächte, in denen ich wach liege und nur mit Mühe atmen kann, weil ich mir große Sorgen um die Zukunft mache. In solchen Stunden treibt mich der Gedanke um, ob ich immer genug Geld für die Tiere verdienen werde. Wir alle kennen Existenzängste, völlige Sicherheit gibt es nicht im Leben. Wenn die Sorgen vor der Zukunft nur mich persönlich betreffen, ist das eine Sache; ich brauche nicht viel für mich selbst. Doch wenn wir Verantwortung übernehmen, wenn andere – ob Menschen oder Tiere – von uns abhängig sind, bekommen Zukunftsängste eine neue Dimension. Also liege ich eben wach und rechne und hoffe und sorge mich.

Und dann gibt es Nächte, da habe ich so viele Pflegetiere, dass ich kein Auge zumachen kann.

Verletzte Tiere bringen ganz unterschiedliche Saiten in meiner Seele zum Klingen: Trauer, Sorge, Wut auf manche Menschen bis hin zu Freude und Glück, wenn ich helfen konnte.

Schlimm ist es, wenn ein Tier mit geringen Chancen zu mir kommt, ein hilfloses Wesen, das völlig geschwächt ist. Ich kämpfe und kämpfe und habe anfangs kaum Hoffnung. Dann berappelt es sich, frisst, die Medikamente schlagen an, es steht wieder, die Augen wirken klarer – und plötzlich verstirbt es doch. Der Körper hat noch einmal aufbegehrt, noch einmal alle Kraft gesammelt, jegliche Reserven ausgeschöpft, aber es hat nicht gereicht.

Ich weiß, es sind Wildtiere, ich sollte keine Bindung zu ihnen aufbauen. Das Ziel ist schließlich, sie nicht an den Menschen zu gewöhnen, sondern wieder freizulassen. Aber manchmal heule ich tagelang, denn was mein Herz angeht, so hat es sich für das Tier geöffnet. Das Eichhörnchen Peter war solch ein Fall. Endlich hatten wir uns mit dem Fläschchen eingespielt, Peter nahm konstant zu, und doch verstarb er von jetzt auf gleich. Einige andere Eichhörnchen in der Auffangstation überlebten ebenfalls nicht. Der letzte Wurf im Jahr ist manchmal kaum lebensfähig.

Verletzte Fledermäuse, Mauersegler, Greifvögel und Eulen – was man sich nur denken kann, findet den Weg zu Norbert und mir.

Zahlreiche Vögel werden Opfer von Windrädern. Und auf den Straßen verunfallen viele Rehe. Menschen fahren die Tiere an und lassen sie einfach liegen, mit gebrochenen Beinen. Aber dann gibt es all diese Momente, in denen ich einfach weiß, dass ich das Richtige tue. Wenn ich helfen kann, Tiere aus misslichen Lagen zu befreien, sie zu heilen, ihren Hunger zu stillen – wenn sie endlich die Angst verdrängen und gierig fressen, ist das ein großer Glücksmoment.

WINDRADOPFER

Wenn bei uns zu Hause ein Anruf eingeht, weil ein verletztes Tier gesichtet wurde, ist Ingo fast immer dabei. Oft wartet er im Auto. Manchmal ist er an einer Rettung aber auch unmittelbar beteiligt.

Einmal berichtete ein Anrufer, eine Eule liege unter einem Windrad und bewege sich noch. Wir rasten los. Das Windrad fanden wir zum Glück auf Anhieb, die Eule jedoch nicht. Ich ließ Ingo aus dem Kofferraum und bat ihn, mit mir zu suchen.

Nach kürzester Zeit blieb er stehen und stupste etwas auf dem Boden an.

Ich rannte zu ihm. Ingo hatte die Eule gefunden. Oder vielmehr einen Teil von ihr.

Es war der zerstörte Rumpf einer Waldohreule. Nur wenige Meter entfernt lag einer ihrer Flügel und bewegte sich im Wind auf und ab. Leben war da schon lange keines mehr drin. Die Eule war vom Rotorblatt fast gevierteilt worden.

Manchmal leben die Windradopfer noch, aber meist ist ihnen nicht zu helfen, weil mindestens ein Flügel abgeschlagen ist. Das ist die Kehrseite der Windenergie, die selten einen Weg ins Bewusstsein der Menschen findet.

Wir haben schon so viele Vögel auf schnellstem Weg in die Praxis gebracht, damit sie erlöst werden. Es tut in der Seele weh, wenn sie dich mit großen Augen hoffnungsvoll anblicken, du aber weißt, sie können sich nie wieder in die Luft erheben. Und als letzten Liebesdienst kannst du sie nur noch einschläfern lassen.

Das sind die schlechten Momente, die ganz schlechten …

BUSSARDE

Eines Abends wollten Norbert und ich gerade essen gehen, als das Telefon klingelte. »Ein Bussard sitzt vor einer Schule«, hieß es.

Also schnappten wir uns die Taschenlampe, eine Decke und die Transportkiste und fuhren los. Bei der Schule angekommen, sahen wir ihn gleich. Fliegen konnte er nicht mehr. Zu Fuß war er allerdings recht flott unterwegs. Ich gab meinem Freund die Taschenlampe und schlich von hinten auf den Bussard zu.

Norbert leuchtete ihn an. Da der Bussard wegen des hellen Lichts für kurze Zeit nichts zu sehen vermochte, konnte ich ihn bequem einsammeln.

Er schien mindestens einen Flügel gebrochen zu haben. Wir brachten ihn zum Tierarzt, und von dort kam er in eine Station für verletzte Wildtiere.

Während der Fußball-WM 2018 rief pünktlich zum Deutschland-Spiel eine Frau bei uns an und sagte, sie habe einen kranken Bussard gesehen. Wenigstens waren die Straßen wie leer gefegt, sodass ich schnell vorankam, und im Nachhinein war es ja kein Thema, dass ich, statt das Spiel zu sehen, im tiefsten Brombeergebüsch rumkletterte und einen Bussard suchte.

Ich traf die Frau an einem Feldweg. Sie war ein Stück weitergegangen und hatte den Bussard allein gelassen, also mussten Norbert und ich erst mal ewig suchen. Dazu kam, dass er sich inzwischen natürlich woandershin geschleppt hatte.

Anfangs sah es wirklich hoffnungslos aus, ich konnte ihn einfach nirgends finden. Schließlich entdeckte ich ein paar Federn und Blut auf dem Erdboden, folgte der Spur und kroch den kleinen Abhang hinauf, zu den dichten Dornenbüschen. Dort fand ich ihn – von Krähen übelst zugerichtet. Das sehr helle Gefieder war blutgetränkt, die Augen zugeschwollen, die Kopfhaut schien verletzt zu sein.

Der arme Kerl wollte sich natürlich von mir nicht mitnehmen lassen und vergriff sich in meinem Arm.

Decke oder Handschuhe waren in dem dichten Gebüsch nicht zu gebrauchen, also musste ich ihn liegend da herauskriegen. Kaum hatte ich es geschafft, rief ich unseren Tierarzt an, der natürlich Fußball schaute. Aber das spielte keine Rolle mehr.

Wir verarzteten den armen Bussard. Es sah sehr schlecht aus. Die Krähen hatten ihm die Kopfhaut weggerissen, die Ohren ausgehackt und vieles mehr.

Als wir das ganze Ausmaß seiner Verletzungen sahen, mussten wir ihn leider gehen lassen, sie waren zu schwer.

Einmal bekamen wir einen Anruf, dass ein Flügelmarkenbussard am Neurather See gesichtet worden sei. Die Vögel gehören zum Projekt einer Universität. Dabei werden den Bussarden riesige gelbe Flügelmarken aus LKW-Plane mit einer großen Nummer am Flügel angebracht. So kann man schon auf die Entfernung die Nummer sehen und der Universität, die Daten zu allen Vögeln speichert, die Sichtung mitteilen.

Wir zogen unsere Jacken an, ich schnappte Ingo, und es ging los. Es dämmerte schon, als wir am See ankamen. Am Ufer entdeckten wir Schwarzangler. Also beschlossen wir, dass Norbert die Schwarzangler kontrollierte und Ingo und ich uns um den Bussard kümmerten. Wir gingen in das angrenzende Wäldchen, und ich sah auf allen Bäumen nach. Es wurde schneller dunkel, als ich erwartet hatte. Nirgends hatte sich ein Bussard versteckt.

Im Wald sah ich die Hand vor Augen nicht. Also rief ich nach Ingo.

Ingo? Wo war er?

Ich rief noch mal, hörte ein Rascheln und leuchtete mit meiner Taschenlampe in die Richtung, aus der das Geräusch kam.

Ingo stand an einem Abhang im Laub, und es sah so aus, als buddelte er, was er gewöhnlich nicht tut. Kommen wollte er auch nicht auf meinen Ruf hin.

Ich stieg also den kleinen Abhang hinunter, und da sah ich ihn auch schon. Ingo hatte den Flügelmarkenbussard gefunden. Da konnte ich lange auf den Bäumen nachsehen. Er lag tot im Laub, und Ingo stupste ihn immer wieder an, in der Hoffnung, er stünde auf und käme mit uns.

Ich nahm den Greif an den Fängen auf und sagte: »Komm, Ingo, wir gehen.«

Als wir aus dem Wald traten, diskutierten die Schwarzangler laut und wild gestikulierend mit Norbert.

Ingo brummte tief.

Die Angler wurden schlagartig still, als sie mich sahen – eine Frau aus dem Wald, mit einem knurrenden Hund zur Linken und einem Riesen-Bussard, kopfüber an den Fängen festhaltend, zur Rechten.

Die dachten sicher, da kommt Indiana Jones oder noch Schlimmeres.

Eines Abends klingelte es an meiner Tür. Ich öffnete, und ein riesiger Mann stand vor mir, er schien mindestens zwei Meter groß zu sein.

»Ich habe ein Bussard-Baby gefunden, das Hilfe braucht«, sagte er.

Ich griff nach meiner Jacke und dem Hausschlüssel und rannte hinter dem Mann her, der schon beim Tor angelangt war. Mit Riesenschritten ging er in Richtung Wald. Ich hatte Mühe, ihm zu folgen.

»Wo ist denn das Bussard-Küken?«, fragte ich.

»Im Wald!«, rief er und schritt weiter zügig voran. »Am Hundewanderweg.«

»Aha«, grummelte ich nur, um ja nicht zu viel Energie durch Reden zu verschwenden. Mir wurde die Luft ja auch so schon knapp.

Wir gingen weiter und weiter, immer tiefer in den Wald hinein.

So langsam bekam ich ein ungutes Gefühl.

»Ist es noch weit?«, fragte ich den Mann, der noch immer ein ganzes Stück vor mir war.

»Nur noch ein Stückchen!«, rief er.

Ich hätte Ingo mitnehmen sollen, dachte ich. Wir waren nämlich schon tief im Innern des Waldes.

»Wo denn?«, rief ich.

»Genau dort oben auf der Kuppe, mitten auf dem Weg muss es liegen.«

Der schmale Weg wand sich hinauf bis zu einer Kuppe. Ich konnte nichts erkennen, was auch nur im Entferntesten einem Bussard-Küken gleichkam. Mir wurde mulmig zumute, ich sah mich verstohlen um. Wonach? Keine Ahnung. Vielleicht nach einem Ast, falls der Typ gar kein Bussard-Küken gefunden hatte.

Wie leichtfertig ich doch bin, dachte ich. Man braucht nur an meiner Tür zu klingeln, was von einem verletzten Tier zu erzählen, und schon kann mich jeder in den Wald abschleppen.

Die ganze Szene erinnerte mich stark an: »Soll ich dir meinen kleinen Hasen zeigen?«

Plötzlich nahm ich eine Bewegung am Wegrand unter einem Baum wahr.

Ich rannte los und kniete völlig außer Puste nieder. Es war ein Bussard, aber kein Baby.

Ein riesiges Bussardweib lag mit ausgebreiteten Schwingen auf dem Boden und versuchte, sich robbend fortzubewegen. Ich sah sofort, dass mindestens ihre Beine gelähmt waren. Also legte ich meine Jacke um sie, die ich noch immer in der Hand hielt. Sogleich versuchte sie mich zu attackieren. Rings um ihre Augen saßen bestimmt hundert Zecken. Ich wickelte sie in meine Jacke und sah mich um. Der Mann hatte mich schweigend beobachtet. Ich bedankte mich bei ihm und trabte mit dem Bussard im Arm die ganze Strecke zurück. Unterwegs hörte ich unentwegt das Rufen eines Bussards über den Baumkronen.

Zu Hause sah ich das ganze Ausmaß der Verletzungen. Alles war voller Zecken, sie war gelähmt und völlig geschwächt, hatte aber immer noch genügend Power, um mich bei jeder falschen Bewegung anzugreifen. Das gelang ihr gut, meine Hände waren schon ziemlich zerschunden von ihrem Schnabel. Sonst sind die Fänge das Gefährliche, aber die waren ja bewegungslos.

In der Klinik wurde sie eingehend untersucht. Der Tierarzt war sicher, dass jemand versucht hatte, sie zu erschlagen. Er behandelte sie und meinte, wir sollten die Nacht abwarten, aber die Chancen stünden sehr schlecht. Zu Hause vernahm ich wieder das Rufen eines Bussards. Es war ihr Terzel.

Von der Jahreszeit her musste das Bussardpaar Küken gehabt haben, und das Weib hatte wohl verzweifelt versucht, diese zu verteidigen. Vor Wanderern, Joggern, freilaufenden Hunden … Das angeborene Verhalten, der Schutz ihrer Jungen, war ihr zum Verhängnis geworden, und man hatte sie töten wollen.

Noch tagelang zog ihr Terzel rufend seine Kreise, während wir sie erlösen ließen – die Verletzungen waren zu groß. Irgendwann verstummte auch er.

Im Mai 2019 bekam ich einen Anruf in Abwesenheit, doch niemand hatte eine Nachricht hinterlassen. Oft kann ich Telefonate nicht entgegennehmen, weil ich viel zu viel zu tun habe, bei den Tieren sitze oder die Kamera in der Hand halte. Die

Notfälle gehen fast alle bei Norbert ein, meinem Lebensgefährten.

Ich öffnete meine Mails und sah, dass jemand einen Mäusebussard gefunden hatte, der verletzt schien, sich aber nicht einfangen ließ.

Also raste ich los und fing ein wunderschönes Wespenbussardweib anstelle eines Mäusebussards ein, wie von den Findern vermutet. Ihr linker Flügel hing nur noch an Fetzen.

Um sie nicht unnötig zu stressen, untersuchte ich sie nicht weiter, sondern rief die Greifvogelhilfe in Brüggen an, die »Wespi« sozusagen im fliegenden Wechsel auf der Autobahn übernahm und mit ihr sofort zum Röntgen flog.

Bitter an dem Ganzen war, dass der zugehörige Terzel, ihr Männchen, davonflog, während wir sie einpackten. Vermutlich waren die beiden im Balzflug gewesen, als sie vom Rotorblatt eines Windrads getroffen wurde. Bei so seltenen Arten ist das immer sehr traurig. Wespenbussarde haben leuchtend gelbe Augen und einen stechenden Blick. Die Nasenlöcher sind schlitzförmig, die Fänge zum Graben optimiert und dick beschuppt, um die Tiere vor Wespenstichen zu schützen.

Ich postete Wespis Geschichte, um Spender zu aktivieren, falls eine aufwendige OP notwendig sein sollte.

Die Röntgenbilder zeigten Verheerendes. Es gab keine Chance, den Flügel zu retten. Offenbar hatte sie sich schon tagelang verletzt durch die Gegend geschleppt. Die offenen Brüche waren nekrotisch und voller Fliegenmaden.

Sie einzuschläfern war die einzig vernünftige Entscheidung für Wespi, so schwer es allen Beteiligten auch fiel.

Ein adultes Wildtier, noch dazu ein Zugvogel, mit nur einem Flügel in eine geschlossene Voliere zu setzen ist nicht tierschutzgerecht. Durch den Bewegungsmangel hätte sie dicke Hände und jede Menge Folgekrankheiten bekommen.

Was wäre das für ein Leben gewesen?

TURMFALKEN

Turmfalken brüten häufig auf dem Gelände einer Firma und besonders gern hoch oben in Kaminen. Immer dann, wenn die Tiere in Schwierigkeiten geraten oder wenn Küken aus dem Nest fallen, werden wir gerufen. Im bestmöglichen Fall können wir sie zurück in das Nest der Eltern setzen. Das geschieht mithilfe eines Feuerwehrkrans, und ich bin froh, dass Norbert das meist übernimmt. Ich habe nämlich solche Höhenangst, dass schon die dritte Stufe einer Leiter mir Panik verursacht. Wenn er anderweitig unterwegs ist, überwinde ich mich notgedrungen; wann immer es um Tiere geht, schaffe ich das. Das weiß inzwischen auch Norbert, jedenfalls hat er seit einer Weile auffallend viele Termine, wenn eine Falkenrettung ansteht.

Letzten Sommer hatte Norbert mal wieder einen dieser »dringenden Termine«, sprich: Er wusste, was ihn erwartete, und ich nicht.

Ein Küken war auf einem Dach unterhalb eines Kamins gesichtet worden, und es war fraglich, wie es den anderen ging. Die Aktion war ziemlich aufwendig. Ich musste meinen Ausweis zeigen (und überhaupt erst mal finden …) und lauter Sicherheitskontrollen passieren, um auf das Firmengelände gelassen zu werden. Dort bekam ich Schutzkleidung, Helm, Brille, Ohrstöpsel und sogar Einwegsocken und Sicherheitsschuhe. Es war der Sommer 2018, und wem soll ich erzählen, welche Hitzewelle wir da hatten?

Ich stand also in voller Montur mit der Werksfeuerwehr auf dem Kraftwerksgelände. Nach der Einweisung gingen wir gemeinsam los. Der Weg führte vorbei an beeindruckenden Verbrennungsöfen, die mir echt Angst machten. Der Feuerwehrmann erzählte mir, wie viel Grad da drinnen herrschten, was nicht gerade für Abkühlung bei mir sorgte. Ich stapfte mit meiner Vogelbox und stark schwitzend weiter in Richtung Aufzug.

Als der Aufzug kam und die Tür aufgezogen wurde, kam mir ein Hitzeschwall entgegen. Eine Anzeige zeigte die magische 70 – waren das nun Grad, oder war es das angepeilte Stockwerk? Der Aufzug sah überdies nicht wirklich vertrauenerweckend aus, mit einem Telefon noch aus Kriegszeiten. Ob da im Notfall jemals einer rangegangen wäre?

Das Atmen fiel mir echt schwer, und als wir oben ankamen, war ich heilfroh, als die Tür aufging und mir wenigstens ein kleiner Hauch entgegenwehte. Die Freude über den Luftzug war aber nur von kurzer Dauer, als ich sah, wo ich da gelandet war. Hoch oben über der ganzen Gegend.

Es dröhnte laut, und der Kamin vibrierte. Zu der Hitze kam bei mir nun eine echte Flaute im Magen dazu. Da sah ich das Turmfalkenküken nur wenige Meter vor mir auf der heißen Dachpappe liegen. Ich drehte es um, es war winzig und musste schon einige Tage tot sein. Traurigerweise kamen wir zu spät.

Ich blickte mich um, und plötzlich entdeckte ich zeitgleich mit dem Feuerwehrmann einen jungen Turmfalken am Rand des Kamins.

Er hatte eine Maus im Schnabel, war schon sehr weit entwickelt, sah richtig fit und gut genährt aus und hüpfte mit seiner Beute durch die Gegend.

Der Feuerwehrmann fragte, ob ich ihn einfangen wolle. Äh nein, das wollte ich auf keinen Fall! Zum Glück war der Kleine agil, er benötigte wirklich keine Hilfe. Wäre es anders gewesen, hätte ich wohl klettern müssen und wäre noch mehr ins Schwitzen geraten.

Ich zählte die Sekunden, bis ich wieder Boden unter den Füßen spürte. Da fragte mich der Feuerwehrmann, ob ich vielleicht den größten Kamin sehen wollte oder die Brennöfen? Ich verneinte und behauptete geistesgegenwärtig, ich hätte noch eine ganze Menge dringender Termine …

PÄPPELTIERE

Zu den vielen Tieren, die wir versorgen, gehören auch heimische Jungvögel, die aufgepäppelt werden müssen. Manche sind aus dem Nest gefallen, andere haben sich verletzt.

Wenn Mauersegler-Zeit ist, heißt es, die Drohnenbrut vorzubereiten und rund um die Uhr zu verfüttern.

In manchen Zeiten kann ich nicht mal einkaufen fahren, weil die Tiere in einem strengen Rhythmus versorgt werden müssen, damit sie es schaffen.

Übrigens: Interessant ist die Tatsache, dass Mauersegler ihr Leben in der Luft verbringen. Das wusste ich früher nicht. Eine der Informationen, die ich von Norbert habe. Nur zur Brut begibt sich der Mauersegler auf festen Boden. Ansonsten lebt er in der Luft, schläft im Flug, frisst im Flug und paart sich sogar im Flug. Unvorstellbar, oder?

Vor einiger Zeit saß ich in meinem Büro, als ich draußen ein Riesengeschrei hörte. Ich rannte hinaus und sah, wie die Nachbarskatzen die Vogelkinder aus dem Nest vor meinem Büro holten.

Die Eltern der winzigen Hausrotschwänze versuchten unentwegt, die Katzen anzugreifen, aber sie hatten keine Chance. Ich ergriff den einzigen Überlebenden. Klaus-Rüdiger, dachte ich spontan. Ein anderer Name hätte einfach nicht zu ihm gepasst.

Klaus-Rüdiger hatte oben auf dem Kopf zwei Flaumfedern, die abstanden, und sah aus wie ein Tollpatsch.

Ab dem Moment, als ich ihn hielt, begann eine wahre Odyssee. Ich setzte ihn neben mich. Die Eltern versorgten ihn liebevoll und störten sich nicht daran, dass ich zusah. Als die Katzen sich verzogen hatten, veränderte ich das Nest, damit sie nicht mehr drankamen. Anschließend bettete ich den kleinen Kerl wieder hinein, und die Eltern setzten ihre Pflege fort.

Während der nächsten Tage lief alles gut. Klaus-Rüdiger wurde gefüttert, wuchs und gedieh.

Allerdings hatte ich nicht damit gerechnet, dass er das Nest kurze Zeit später von selbst verlassen würde. Als von draußen wieder ein Riesengezeter in mein Büro drang, wusste ich, Klaus-Rüdiger steckte in irgendeiner Bredouille. Ich lief hinaus, sah ihn am Boden kauern, schnappte ihn mir und setzte ihn zurück ins Nest.

Eines Morgens, es war noch äußerst früh, erhob sich erneut das inzwischen wohlbekannte Geschrei. Ich griff nach dem Hausschlüssel und raste hinaus, ohne daran zu denken, dass ich nur ein Unterhemd und einen rosa Schlüpfer anhatte. Die Eltern flogen aufgeregt und wild schimpfend um und über die Hecke. So zeigten sie mir, dass Klaus-Rüdiger darunter sitzen musste. Was auch der Fall war. Natürlich in der hintersten Ecke. Ich krabbelte also in die Hecke gegenüber von unserem Haus und rief hundemüde: »Klaus-Rüdiger, da gehst du jetzt her!« Mit ausgestreckten Fingern konnte ich ihn gerade so erwischen.

Plötzlich vernahm ich ein Räuspern hinter mir. »Frau Brandt?«

Oh Gott! Da schaute mein Hintern im rosa Schlüpfer aus der Hecke raus, und der Nachbar stand hinter mir. Wie peinlich. Klaus-Rüdiger in der Hand, kroch ich langsam rückwärts und murmelte mit hochrotem Kopf: »Äh, klar, alles bestens …«

Klaus-Rüdiger wurde groß und war von jetzt auf gleich verschwunden. Dabei hatte ich mich so an ihn gewöhnt. Einige Tage später hörte ich draußen das vertraute Schreien von

Klaus-Rüdigers Eltern. So schnell ich konnte, rannte ich hinaus, diesmal zum Glück bekleidet, und sah die Mutter des Kleinen schreiend auf dem Gartentor sitzen.

Ich fragte mich, was diesmal passiert war, und blickte mich suchend um. Plötzlich tauchte ein kleiner dicker Vogel mit zwei abstehenden Flaumfedern auf dem Kopf neben ihr auf.

»Klaus-Rüdiger …«, sagte ich.

Einen Moment später drehte er sich um und flog mit seiner Mutter davon. Ich habe die beiden nie wieder gesehen.

Die Situation hatte trotz des Abschieds etwas Komisches. Wie die Mutter da auf dem Gartentor saß und rief, als wollte sie sagen: »Klaus-Rüdiger, du wirst dich sofort von der Tante verabschieden …«

DIE EULE, DIE KEINE WAR

Norbert und ich wollten gerade Freunde besuchen, als ein Anruf einging.

»Entschuldigen Sie die Störung, aber ich habe eine Eule in meinem Garten sitzen, die fliegt nicht weg. Was soll ich tun?«

Eine Eule, die nicht wegfliegt, ist kein gutes Zeichen.

Ich ließ mir die Adresse geben und tippte sie ins Navi ein, während ich noch mit der Dame sprach.

»Was ist es denn für eine Eule?«, fragte ich. Sie wusste es nicht.

Ich sage den Leuten immer, dass für mich der erste Anhaltspunkt die Augenfarbe ist. Hier bei uns in Deutschland gibt es zwei bis drei Arten je Augenfarbe. Das grenzt die Bestimmung schon sehr ein, und wenn dann noch der Lebensraum dazukommt, ist die Art eigentlich klar.

»Ah so«, meinte die Frau. »Gelbe Augen. Ganz gelbe Augen hat die Eule, und sie ist mittelgroß.«

»Klein«, sagte ich. »Braun und klein.«

»Nein«, widersprach sie, »mittelgroß. Ich würde sagen, dreißig Zentimeter.«

Ich war verwirrt, denn wegen der gelben Augen musste es ein Steinkauz sein. Ansonsten haben nur Sumpfohreulen gelbe Augen, aber die sind um ein Vielfaches seltener – und dazu mitten in der Stadt?

Unser Treffen mit den Freunden hatten wir bereits abgesagt und fuhren nun durch ein sehr gepflegtes Einfamilienhaus-Viertel mit riesigen Gärten. Einer war schöner als der andere. Kein Vergleich mit unserem Garten, obwohl ich mir wirklich Mühe gebe. Aber meist fange ich mit der Gartenarbeit an, dann fehlt mir die Zeit, oder ich hocke mich lieber zu den Tieren und verschiebe mein Vorhaben auf einen anderen Tag. An dem es dann ganz ähnlich läuft.

Wir klingelten an der genannten Hausnummer. Ein älteres Ehepaar öffnete aufgeregt das große Tor und ließ uns hinein.

Die Frau ruderte mit den Armen und wies in Richtung eines Gartenhauses inmitten des gepflegten Anwesens.

»Da sitzt sie!«, rief sie aufgeregt.

Ich ging schneller und sah ein Tier im Gras liegen.

Verwundert meinte die Frau, dass die Eule vor Minuten noch gelebt habe.

Ich hob das Tier auf. Es war ein wunderschönes Sperberweib mit leuchtend gelben Augen und keine Eule.

Minuten vor unserer Ankunft musste sie verstorben sein. Völlig verhungert lag sie da, die Fänge komplett eingeschnürt mit Bindfäden. So war es ihr unmöglich gewesen, Beute zu machen, und sie verhungerte langsam. Sie musste die Bindfäden irgendwo gefunden und sich darin verheddert haben.

Das passiert leider ständig. Die Tiere spielen mit allem, was sie finden, mit Garn, mit Plastikschnüren, mit Kabelbindern, sie geraten in Angelhaken und verfangen sich in Angelschnüren. Einmal mehr zeigt diese Geschichte, was achtlos weggeworfenener Abfall anrichten kann.

Es war einer dieser Momente, in denen ich den Tieren zuflüstere: »Warum haben wir dich nicht eher gefunden?«

Aber solange ein Sperber noch fliegen kann, ist er sicher nicht einzufangen. Diese Tiere sind blitzschnell und so scheu …

Mit einem Kloß im Hals erzählten wir dem Ehepaar einiges über Sperber und Eulen und sahen uns den schönen Garten an, bevor wir mit dem toten Vogel wieder ins Auto stiegen.

UND NOCH MEHR PATIENTEN

Auch Waldkäuze fallen leider dauernd in Kamine, und wir müssen sie manchmal mit einigem Aufwand aus ihrer misslichen Lage befreien.

Einen von ihnen nannte ich Waldik – abgekürzt WaldiKamin. Er brauchte nur ein gründliches Bad und ein paar gute Mahlzeiten, dann konnte er wieder zurückgefahren werden und bleibt hoffentlich dem Kamin fern.

Die Waldkäuze heißen bei mir alle Waldi oder zumindest so ähnlich. Ein ganz kleiner wurde Waldo getauft, eine dicke Walda, und einer fiel aus dem Rahmen und hieß Klickerklacker, weil er mich völlig ruhig ansah und dabei, wie in Zeitlupe, die Augen immer auf und zu klimpern ließ. Wie die Puppen in den Horrorfilmen.

Bei uns gehen auch Anrufe wegen Füchsen ein, die in irgendwelche Häuserecken gedrängt wurden, die man einfangen und zurück in den Wald bringen muss.

Dann wieder ist ein Reh gegen einen Zaun geprallt und hat ein Trauma, oder ein anderes hat sich in einem Zaun verfangen.

Erst neulich kam wieder ein Anruf, dass ein Reh im Stromzaun einer Schafweide zappele. Wir rasten sofort los und versuchten auf der Fahrt den zuständigen Jagdpächter und den Schäfer zu erreichen, aber bei beiden ging nur die Mailbox ran. Also hinterließen wir ihnen eine Nachricht. Dort angekommen, mussten wir erst mal suchen, in welchem Teil der Weide das Tier sein könnte. Wir orientierten uns an den Schafen und erahnten die Ecke. Also rannten wir los, aber das Tier war bereits qualvoll verendet.

Da der Zaun durch die panischen Befreiungsversuche komplett eingerissen war, versuchten wir das verendete Reh zu befreien, um den Zaun wieder aufzustellen. Der Schäfer war noch immer nicht erreichbar.

Es kam mir vor wie eine Ewigkeit, bis wir das Reh frei bekamen. Ich fragte mich, wie es das zustande gebracht hatte – so etwas ist vermutlich nur in Panik und Todesangst möglich.

Einige Tage später rief die Reinigungsfrau des städtischen Schwimmbads nach Feierabend an. Sie hatte einen lauten Knall gehört.

Ein Habicht war gegen die Scheiben gedonnert und war sofort tot. Ein wunderschönes Tier, welches dort sein Revier hatte, nicht weit von den Volieren meiner Eulen entfernt.

Die Vögel können solche riesigen Scheiben einfach nicht sehen.

Ein anderer Habicht wiederum hatte mehr Glück. Als er merkte, dass er nicht genug Nahrung fand, hatte er den blendenden

Einfall, sich mit den Hähnen eines Hühner- und Taubenzüchters zu solidarisieren, und saß zwischen ihnen, während er sich jeden Tag eine der Tauben holte.

Da überall Reste toter Tauben lagen, nahm der Taubenzüchter an, er habe einen Marder auf dem Gelände, und stellte rund um den Stall Fallen auf, was natürlich nichts brachte. Irgendwann entdeckte er den Fremdling und rief uns an, um uns zu erzählen, dass wohl ein Bussard in seinem Hühnerstall sitze. Ein Greifvogel im Hühnerstall ist meist kein Bussard, und so war es auch in diesem Fall. Wir ließen ihn frei. In der Hoffnung, dass er sich eine andere Nahrungsquelle suchte.

Ein weiteres Mal wurden wir wieder zu einem Taubenschlag gerufen.

Eine Schleiereule saß bewegungslos mitten zwischen den Tauben, die Augen geschlossen. Wir nahmen sie mit und stellten fest, dass sie völlig unterkühlt und total geschwächt war, sonst aber gesund zu sein schien.

Es war dieser kalte Winter mit den langen Minus-Grad-Phasen, und sie hatte es wohl als einzigen Ausweg gesehen, sich zwischen die Tauben zu setzen, um nicht zu erfrieren.

Als sich ihr Körper wieder erwärmt hatte, begann sie zu fressen, als hätte sie Wochen fernab jeder Futterquelle verbracht. Sobald sie wieder kräftig genug war und ihre Lebensgeister zurückkehrten, fuhren wir Arielle, wie ich sie genannt hatte, zurück und ließen sie neben dem Taubenschlag frei.

Als sie noch auf meiner Hand saß, flüsterte ich ihr ins Ohr: »Wenn du mal nicht mehr weiterweißt, dann setz dich wieder zu den Tauben. Wir kommen dich dort abholen.« Dann hob sie ab und flog in die Abenddämmerung davon.

KARL, DER KRAFTWERKSUHU

Stellvertretend für viele Geschichten, die wir nahezu tagtäglich erleben, habe ich nur ein paar hier im Buch genannt, und möchte mit Karl enden.

Karl? Warum der Name?

Ganz spät abends in diesem Frühjahr erhielten wir einen Anruf der Werksfeuerwehr wegen einer verletzten Eule im Kraftwerk.

Bei Kraftwerk dachte ich irgendwie an die Demonstranten mit ihren selbst gestrickten Pullovern und dem Emblem: ATOMKRAFT NEIN DANKE. Dazu fiel mir ein Lied aus meiner Jugend ein: »Karl der Käfer wurde nicht gefragt, man hat ihn einfach fortgejagt.«

So kam Karl, der Uhu und nicht der Käfer, zu seinem Namen.

Wir fuhren los, in Hauspuschen und Jogginghose. Als wir das Kraftwerk erreichten, ging es durch die Pforte, die Sicherheitsschranken und die Werksstraßen – immer dem diensthabenden Wächter hinterher, der uns schon am Tor erwartet hatte. An der Stelle, wo sich die Eule verschanzt hatte, stand schon die Feuerwehr bereit.

Als wir ausstiegen, sahen wir ihn gleich, unter einem Treppenabsatz, inmitten einer Pfütze aus Öl und Dreck. Der kleine Karl mit seinem flaumigen Gefieder, den die meisten wahrscheinlich gar nicht so klein gefunden hätten, weil ein Uhu schon ziemlich groß ist. Er reichte mir fast bis zum Knie.

Trotz meines noch immer lädierten Fußes gelangte ich irgendwie unter dem Geländer hindurch zum Treppenabsatz, kriegte ihn zu fassen und blieb zum Glück auch nirgends stecken.

Als ich ihn befreit hatte, erzählte uns die Feuerwehr, dass sie ihn hatten einfangen wollen, aber er hatte sich übergeben und auch Scheinangriffe unternommen.

Ich schaute mir den Mageninhalt an. Es war eine Ratte, die irgendwie eigenartig aussah. Auf unsere Rückfragen hin wurde uns bestätigt, dass auf dem Gelände Rattengift auslag.

Wir nahmen den Uhu zur Beobachtung erst mal mit, aber er machte einen fitten Eindruck und fraß in der Nacht auch richtig gut. Da wirklich alles mit ihm in Ordnung zu sein schien, riefen wir am Morgen an, wir würden ihn zurückbringen.

So also kehrte Karl auf das Gebäude zurück, wo wir den Brutplatz vermuteten.

Wir waren zufrieden mit der Aktion – bis am nächsten Tag erneut ein Anruf kam: Karl sitze zusammengekauert neben einem toten Elterntier.

Wir fuhren also wieder zum Kraftwerk.

Es war die Mutter von Karl. Vermutlich Rattengift.

Erst mal mussten wir überlegen, was wir tun sollten, und sprachen uns mit einem befreundeten Falkner ab, der eine sehr soziale Uhu-Dame hat. Da sie gerade selbst zwei Uhus in Karls Alter hatte, stimmte der Falkner zu, Karl aufzunehmen. Die Behörde war auch einverstanden. Selbstverständlich bedarf es bei geschützten Arten immer der Zustimmung der zuständigen Behörden. Man kann nicht einfach mal so Greifvögel, Eulen oder sonstige geschützte Tiere aufnehmen. Das sollte man wissen.

Eulen und Greifvögel eignen sich meist hervorragend als Ammen und nehmen »fremde Kinder« oft ohne jegliche Probleme an. Um ehrlich zu sein, können sie auch nicht zählen.

Wir brachten Karl ins siebzig Kilometer entfernte Essen, und die Familienzusammenführung der Patchworkfamilie war so harmonisch, dass Karls Geschichte zu einem der Momente wurde, die so wertvoll sind.

Karl wird jetzt dort bleiben, bis er vollständig wildbahntauglich ist. Dann holen wir ihn ab und bringen ihn dorthin zurück, wo er geschlüpft ist.

Das Werk versicherte uns, nie mehr Rattengift auszulegen.

Es waren so viele Tiere in den vergangenen Jahren. Alle bekamen sie einen Namen. Auch wenn sie nur eine Stunde da waren.

Wir haben uns in so hohem Maß in die Natur eingemischt, dass wir ihren Bewohnern nun immer öfter helfen müssen.

Wir schränken ihren Lebensraum ein, vertreiben sie, und es wird immer schwieriger für sie, ausreichend Nahrung zu finden.

Ich helfe gern, und es ist ein einzigartiges Gefühl, wenn ich ein Tier der Natur zurückgeben kann.

Einen der schönen Momente erlebten wir, als wir eine Waldohreule aus einer misslichen Lage befreit hatten und fliegen ließen.

Sie hielt geradewegs auf die untergehende Sonne zu.

Manchmal macht es mich ein bisschen wehmütig, dass die Patienten einen später nicht mehr erkennen, weder mich noch Ingo. Darum mache ich mir auch keinen Kopf, dass sie die Scheu vor Hunden oder Menschen verlieren könnten. Sie tun es nicht. Nicht in der kurzen Zeit, in der sie bei uns sind. Ob sie Dankbarkeit empfinden? Ganz sicher sind sie dankbar. Aber nicht uns, sondern dem neuen Leben.

Kapitel 18

Eulenflüsterin

Während ich das letzte Kapitel dieses Buches schrieb, bekam ich einen Anruf. Ein Baum war gefällt worden, und ein Nest mit Waldohreulen war zu Boden gestürzt; ein Küken hatte nicht überlebt, eins war eingeklemmt und hatte den Flügel geprellt. Vier konnten wir vorerst retten, ich füttere sie alle paar Stunden und hoffe, dass sie es schaffen. Es stellte sich heraus, dass der Mann, der den Baum gefällt hatte, wohl wusste, dass dort Eulen nisteten. Das hatte ihn aber nicht im Geringsten interessiert.

Es gibt viele Menschen, die Eulen wegen ihres Rufs vergiften wollen oder der Ansicht sind, sie sollten dorthin zurück, wo sie herkamen. Inzwischen sind Eulen auch in Stadtparks, in Gärten oder auf Friedhöfen anzutreffen, denn ihr Lebensraum schwindet. Der Mensch breitet sich immer weiter aus, für die Tiere bleibt kaum Raum. Manche Arten sind robuster und weniger anspruchsvoll in ihrem Habitat, so zum Beispiel die Schleiereulen. Andere, wie die Sumpfohreulen, haben zu wenig Nahrungsangebote und Rückzugsmöglichkeiten und drohen auszusterben. Dabei ist es doch die Vielfalt, die das Leben auf diesem Planeten so lebenswert macht – auch die der Eulen.

Letztlich teilen wir uns die Erde mit den Tieren und nehmen ihnen schon genug Raum weg. Eulen übernutzen niemals ihren Lebensraum. Sie passen sich mit ihrer Vermehrung stets dem Lebensraum an.

Es erschüttert mich immer wieder, wenn Menschen Tiere derart hassen. Und je mehr ich über Eulen im Zusammenleben mit ihnen in Erfahrung bringe, desto weniger kann ich nachvollziehen, wie man von ihnen nicht fasziniert sein kann.

Manchmal werde ich Eulenflüsterin genannt. Es gibt Pferdeflüsterer, Hundeflüsterer, Kuhflüsterer und viele mehr. Sie alle zeichnet aus, dass sie sich in das Wesen der jeweiligen Tiere hineinversetzen, ihr Verhalten, ihre Sprache verstehen können.

Uns Menschen wird schon im Kindesalter beigebracht, nicht zu sagen, was wir denken und fühlen. Später lernen viele, mit ihren Worten und sogar mit ihrer Körpersprache zu manipulieren. Falschheit liegt mir aber nicht. Auch ich trage mein Herz nicht mehr auf der Zunge, dafür wurde ich zu oft bestraft. Oder man hat sich über mich lustig gemacht, wie mein Vater es so gern tat. Doch oft frage ich mich, wie unsere Welt aussähe, wenn wir mehr wie die Tiere kommunizieren würden, offen, ehrlich, ablesbar. Ohne jede Falschheit, ohne Manipulation.

Es ist gar nicht so schwer, eine Tierflüsterin zu werden. Achtsamkeit gehört dazu, Freude an der Herausforderung, Respekt für das Gegenüber – und ein großes Herz.

Man sagt, das Wesentliche sei für die Augen unsichtbar, und man müsse daher mit dem Herzen sehen. Mit dem Flüstern ist es nicht viel anders. Die Verbindung zu einem Tier findet über alle Sinne und das Gefühl statt. Ich muss nur beobachten – die

Atemzüge, den Herzschlag, die leisen Laute, die Reaktionen und den lautlosen Flug … Dann spüre ich das Geheimnis der Eulen.

NACHWORT

AUSBLICK

Wieder ist es Abend geworden, die Sonne brennt heiß. Heute wird Bärbel, mein Sibirischer Uhu, mich begleiten. Unser Weg führt an Feldern vorbei. Ein Habicht fliegt dicht über den Boden, hoffentlich wird ihm und seinen Artgenossen die neue Autobahn nicht zum Verhängnis.

Bärbel stellt die Federohren auf und verfinstert für Sekunden den Blick, um sich dann wieder zu entspannen.

Ein sanfter Wind streicht über die Ähren, sie rascheln unentwegt. Alles ist in goldenes Licht getaucht.

In weiter Ferne hüpfen zwei Rehkitze auf den sandigen Weg und spielen. Ich setze mich mit Bärbel auf einen großen Steinhaufen und denke an nichts. Ich möchte einfach nur den Wind, die letzten Sonnenstrahlen und den Duft unserer Umgebung genießen.

Es wird dunkler, stiller, die Weihen ziehen von den Feldern ab und suchen ihre Schlafplätze auf.

Bärbel dreht ganz langsam den Kopf, unsere Blicke treffen sich, und wir schauen uns einfach nur an.

»Du hast recht, es ist Zeit, nach Hause zu gehen«, sage ich. In der einbrechenden Dunkelheit machen wir uns auf den Rückweg.

Voller Faszination beobachte ich Tag für Tag, wie unterschiedlich meine Tiere sind – Ingo und ich sind die Verbindungsglieder so unterschiedlicher Charaktere wie Poldi und Bärbel, Gandalf und Rüdiger, Uschi und Lusi-Lu. Zurzeit sind Kurti, der Kuckuckskauz, und Ludmilla, der Bartkauz, bei mir eingezogen.

Ludmilla ist groß, grau und fordert viel Aufmerksamkeit ein. Sie ist ähnlich unschuldig und flauschig wie Rüdi, mit ihren leuchtend gelben Augen aber nicht so niedlich, sondern eher respekteinflößend. Zugleich ist sie zaghaft in ihrem Wesen, ich muss sie immer mehrmals zum Fressen auffordern.

Klein-Kurt hingegen ist das totale Gegenteil. Kurt ohne Helm und ohne Gurt. Der Bruchpilot.

Er übt waghalsige Flugmanöver, die vielleicht ein paarmal gut gehen, bis er dann wieder irgendwo dagegenkracht.

Mit seinen langen Galoschen voran peilt er einen Ast an und nutzt den Schwung, um hinaufzugelangen. Dumm nur, wenn der Schwung nicht ausreicht und er plötzlich wie eine Fledermaus dort hängt, um gleich darauf auf den Boden zu fallen.

Gandalf und Kurti kommen inzwischen richtig gut klar, sie leben in einer Voliere, aber ich merke, dass Gandalf dem Kleinen schon beigebracht hat, wie man im Leben mit schlechter Laune weiterkommt.

Und Kurti hat die Lektion für sich perfektioniert.

Wenn ihm etwas nicht gefällt, guckt er mich mit abstehenden Federn an, dann schmeißt er sich einfach mal auf den Boden und schreit. Wenn er merkt, das interessiert keinen, geht er schlafen.

Greife und Eulen vereinen in sich Faszination und Anmut. Wenn es der Zufall will oder ein besonderer Umstand, taucht vor uns eine Eule auf. Manchmal schwebt sie in der Dunkelheit aus dem Nichts über unsere Köpfe hinweg.

Die Faszination liegt seit jeher darin, dass nachts, wenn wir orientierungslos sind, Eulen sich ganz selbstverständlich in ihrem Lebensraum bewegen.

Mit minimalem Restlicht können sie noch sehen, und ohne Restlicht können sie nach Gehör jagen. Und zu all dem kommt noch das geheimnisvolle lautlose Fliegen …

Eulen haben mein Leben geformt, meinem Leben einen neuen Sinn gegeben. Wie auch Ingos Leben. Ich bin gespannt, wer noch alles in mein Leben tritt … an verletzten Tieren, an Sorgenkindern, an seltenen und heimischen Eulen. Sie alle haben für mich etwas gemeinsam. Es geht etwas Mystisches von ihnen aus. Sie sind geheimnisvoll.

Mein größter Traum war immer eine eigene Farm mit vielen Tieren – mit Hunden, Greifvögeln, Eulen, verletzten Pflegetieren. Dafür bin ich allerdings zu wenig Geschäftsfrau, was das Geldverdienen angeht.

Aber wer weiß?

Wenn man keine Träume mehr hat, hat man weniger Ziele. Und wenn man sich mit einer Eule an den See setzt und die

Augen für Minuten ganz fest geschlossen hat, ist die Welt vielleicht eine andere, sobald man die Augen wieder öffnet. Ob ich vieles in meinem Leben bereue?

Nein, ich glaube nicht.

Vielleicht hätte ich einige Entscheidungen mit mehr Vernunft treffen sollen – aber wäre ich dann noch ich gewesen?

Und was die große Unbekannte, die Zukunft, angeht: Wenn es nicht so kommen sollte, wie ich es mir erträume, wenn ich im Alter nicht auf einer Farm mit vielen Tieren leben werde, so weiß ich doch, dass das größte Glück in meinen Begegnungen mit Ingo und den Eulen liegt … Momenten, in denen die Schatten meiner Kindheit sich verziehen, weil alles da ist, was ich zum Glücklichsein brauche …

DANKSAGUNG

Danke an alle, die es mir ermöglicht haben, dieses Buch zu schreiben.

Cindy und der Bastei Lübbe Verlag, Angela und alle, die noch daran mitgewirkt haben.

Danke an alle, die meine Geschichte verfolgen, die sich meine Bilder anschauen und sich darüber freuen. Mein besonderer Dank gilt allen, die mich unterstützen, mich auf meinem Weg begleiten, die mit mir lachen und auch für mich da sind, wenn es mir nicht so gut geht.

Danke auch an die Firmen, die mich unterstützen und ohne die ich gar nicht arbeiten könnte: Nikon, EIZO, SIRUI, Fima Moos, Dirk Hungenberg, u. v. m.

Und ein dickes Dankeschön an meinen Freund Nobbi natürlich, mit dem ich die gleiche Leidenschaft teile.

Mein ganz besonderer Dank gilt aber meiner Oma, die superstolz auf das Buch wäre – wer weiß, vielleicht sieht sie es ja …

Und Danke an meine Tiere, die mich zu der Person gemacht haben, die ich heute bin, die mich so viel gelehrt haben und die mein Leben bereichert haben, wie niemand sonst auf dieser Welt.

Ein Herz und eine Seele

Tanja Brandt
WO DIE LIEBE
HINFLIEGT
Ingo und Poldi – Die
Geschichte einer
Freundschaft
160 Seiten
mit Abbildungen
ISBN 978-3-431-03969-6

Bei der Fotografin und Falknerin Tanja Brandt leben ein belgischer Schäferhund und ein Steinkauz – Freunde, die einfach unzertrennlich sind. Dieses Buch erzählt die Geschichte dieser bezaubernden Freundschaft: Wann sind sich die beiden zum ersten Mal begegnet und wie hat sich daraus eine tiefe Freundschaft entwickelt? Und wie reagiert der Schäferhund auf die schlechten Launen des frechen Steinkauzes? Welche Abenteuer erlebt die tierische Clique im Alltag und wie reagiert Ingo, als sich Poldi in die Steinkäuzchen-Dame Fienchen verliebt?

Bastei Lübbe

Das Glück hat viele Federn

Tanja Brandt
LIEBE VERFLIEGT NICHT
Tierische Freunde, die immer zusammenhalten
160 Seiten
mit Abbildungen
ISBN 978-3-431-04104-0

Wer mit Tieren zusammenlebt, weiß genau, dass jeder einzelne Tag mit ihnen voller Überraschungen steckt. Eulen und Greifvögel haben es der Fotografin und Falknerin Tanja Brandt besonders angetan. Humorvoll erzählt sie Geschichten über die bräsige Schneeeule Uschi, den knutschenden Gandalf und Ingo, den treuen Schäferhund. Zahlreiche herzzerreißende Fotos dürfen dabei natürlich nicht fehlen.